吴九箴 著

在当下觉醒

华夏出版社

图书在版编目（CIP）数据

在当下觉醒/吴九箴著.—北京：华夏出版社，2015.7
ISBN 978-7-5080-8403-9

Ⅰ.①在… Ⅱ.①吴… Ⅲ.①人生哲学-通俗读物 Ⅳ.①B821-49

中国版本图书馆 CIP 数据核字（2015）第 054735 号

本书经作者吴九箴与台湾松果体智慧整合行销有限公司授权，同意在北京麦士达版权代理有限公司代理下，由华夏出版社出版发行中文简体字版本。非经书面同意，不得以任何形式任意重制、转载。

版权所有，翻印必究。
北京市版权局著作权合同登记号：图字 01-2011-0755

在当下觉醒

作　　者	吴九箴
责任编辑	梅　子
出版发行	华夏出版社
经　　销	新华书店
印　　刷	三河市少明印务有限公司
装　　订	三河市少明印务有限公司
版　　次	2015 年 7 月北京第 1 版
	2015 年 7 月北京第 1 次印刷
开　　本	880×1230　1/32 开
印　　张	7
字　　数	86 千字
定　　价	30.00 元

华夏出版社　地址：北京市东直门外香河园北里 4 号　邮编：100028
网址：www.hxph.com.cn　电话：(010)64663331（转）
若发现本版图书有印装质量问题，请与我社营销中心联系调换。

目　录

自　序
　　电影散场时,请带着微笑离开　/1

第一篇　每个人,都是会随风而逝的沙人
　　其实,你不是你,我也不是我……　/3

　　人生没有保证幸福条款　/10

　　永恒是一种致命的错觉　/19

　　别把房子盖在流沙上　/28

　　自我,是不完美的意识程序　/33

　　痛苦,是觉醒的闹钟　/40

◎　在当下觉醒　◎

狗追影子的成功,永远是空　/ 47

感情是填洞游戏,不要当真　/ 55

月亮再美,也有阴暗的一面　/ 63

青春永驻是违反自然规律的　/ 70

第二篇　你没拥有什么东西,也没失去什么东西

其实,根本没有人背叛你　/ 83

人生是不可逆转的　/ 90

你的"爱",往往让对方变残废?　/ 97

拥有愈多,欲望愈难以满足　/ 104

学了佛,也要把佛忘掉　/ 111

再美的东西,也只是幻灯片　/ 119

别歧视或忽略黑暗的力量　/ 126

别妄想全世界的人都喜欢你　/ 139

太迷恋某样东西,没有对错　/ 146

第三篇　真正的觉醒，并非让自己一无所有

快乐、痛苦都要放下　/ 155

每分每秒，每个人都在变身　/ 163

人与人的关系，和天气一样不稳定　/ 170

你无法真正占有一个人　/ 177

世上没有安定这个东西　/ 184

很多东西，钞票买不到　/ 191

名气是水，能载舟也能淹死你　/ 198

后　记

人，为什么要觉醒？　/ 205

自 序

电影散场时，请带着微笑离开

我们从出生开始，就一直用自己的独特见解来理解、认识这个世界。我们内心的世界，和这个现实的物理世界，其实是天差地别的，就好像有人一直活在自己的世界里，醒不过来，明明有一辆卡车朝他冲来，他却把卡车当成一只可爱的狗，还想向前去拥抱它……或者，有人总以为自己很受欢迎，永远不管别人对他的批评和排挤，人家讥笑他，他却觉得人家是在赞美他。人可以活在幻觉梦境中，但人到四十，应该开始觉醒，看清许多假象、妄觉，不要一直活在自己创造的

◎ 在当下觉醒 ◎

幻觉世界里。

其实,这个看得见、摸得到的世间,真的是个梦幻红尘,只因为我们一直在做梦,才会觉得这红尘有太多魅力和感伤。例如,台北101只是一栋高楼,忠孝东路也只是一条路,但很多人都认为这些地方有特殊意义,就像在很多人的心目中,阳明山和淡水是浪漫的约会胜地。事实上,如果没有"人"这个主体在做梦,那里也只是一座山和一个小渔港而已。

很多人都觉得,佛陀说的法或佛经很深奥,其实,佛一直想告诉我们的不外乎是:我们的所有期待和想法都是梦。

当一个人真正觉醒,他会真正微笑,因为他觉悟到,人世间一切的好坏、苦乐,都只是梦。

人生活了一辈子,至少在死之前,应该从这个大梦中醒过来,这是必要且伟大的,所有醒来的人都会微笑

◎ 在当下觉醒 ◎

地接受自己的这一生，不论这一生是苦、是乐，或苦乐交集。从梦中醒来，就好像我们看完电影，电影院的灯打开，不管刚刚我们看的是喜剧或恐怖片，灯一亮起，全都是梦，都是电影，都是假的。大家带着笑意离开，没有人会留下来或跑到银幕前找剧中人，或者大哭大闹。

相反的，那些太执著梦境、以假为真的人，终究要被自己的梦境逼死。

某大师曾举了一个以梦为真的故事：

有一位男士很讨厌喝咖啡，可他太太却很喜欢喝，但他并没有告诉太太他讨厌咖啡，于是太太每天早上都很高兴地为丈夫准备一瓶热咖啡，放在便当的袋子里，让他带去上班。

然而，丈夫虽然不喝，却也没浪费，他每天都把没喝的咖啡带回家，偷偷倒回家中的咖啡壶里，让太太把咖啡喝掉。

　　有一天晚上，太太梦到他有外遇，由于连续三天做了同样的梦，她不由得打从心底相信这些梦，并断定丈夫一定在外面对她不忠，于是，她开始动手报复。每天早上，她在丈夫的咖啡瓶里放入一点点砒霜，她不知道，这些咖啡都会回到她的咖啡壶里，就这样，她每天喝进少量砒霜而不自知，直到最后她毒死了自己。

　　很多人都会遇到极悲惨的不幸，家人猝死，或身败名裂，或破产负债，或身染重病，或一夜之间一无所有，被家人抛弃，被社会唾弃……

　　事实上，这些我们所定义的厄运，反而可以让我们看清楚，原来至亲的家人也可能反目成仇，你最爱的另一半也可能背叛你，事业、名利、车子、豪宅和股票，以及朋友之间的交情，都是万般因缘组合而成的现象，只要有一点阴差阳错，一点风吹草动，就全部化为泡影。

佛陀是慈悲的，对所有人都一视同仁，他会在适当的时间，去敲每个人的门，告诉你时间不多了，应该要醒来了，否则死亡专车一到，要躲也来不及，车子可能会直接冲入你家里，让你粉身碎骨，万劫不复。

四十岁，是最适合佛陀来敲门的时间点。

四十岁，该玩的，该执著的，该迷恋的，该痛苦的，都应该经历过了。

人到四十，开始看山不是山，看人不是人。或许，并非每个人都有像我这样的感触，但经历过四十年的风雨遭遇，我想，每个人多多少少都会开始看清很多事物的本质，包括你迷恋的、你喜欢以及你讨厌的东西。

因此，原来很让你迷恋的山，不再是山，很让你着迷的人，也不再是人，而是一大串因缘条件聚合而成的现象，隐隐约约，有点触到空性，但心中仍充满不舍和

◎ 在当下觉醒 ◎

恐惧，似乎在半梦半醒间，想醒来又想继续沉睡，这种矛盾和不安，让人活得很痛苦，有人在这阵阵痛楚中，愈来愈清醒，有人却不想让自己看清事实的真相，活在自欺欺人的世界里。

其实，有心贪睡或不敢醒来的人，永远都有一堆借口来让自己好过。如果你肯勇敢地去看人生的本质，你就会发现，人生不管是在顺境或逆境，都是苦；不管你得到或失去，也都是苦。穷人有穷人的苦，有钱人也有有钱人的苦，并非有钱就可以买到任何东西，如果一个人不能彻底觉醒，那么注定要在苦海里浮沉一生，靠不了岸。

人到四十，以前觉得好玩的，突然都觉得提不起劲，以前会让你热衷沉迷的，突然间也似乎没那么有趣了，甚至觉得怪怪的，这都是佛陀正在你耳边敲门的现象，想让你觉醒，觉醒之后，你才能像佛法中所说的，

◎ 在当下觉醒 ◎

可以用心去观照，观照生命中的每个片刻，每一个呼吸，每一次痛苦和快乐，每一次的爱恨嗔痴，每一秒、每一分钟身心的感受。

面对人生的苦海，我们唯有学会不停地观照自己和万物，才能真正活出自己，就如某大师说的："只要你能让那个观照的味道，散布到你的整个存在，你就会完全平衡在两极之间，好像走在绳索上，既不往右靠，也不往左倾，在痛苦和快乐之间，白天和晚上之间，出生和死亡之间，继续平衡，那个平衡将会让你洞悉你真实的存在。"

这种平衡、安详自在，是超越物质和精神的，不再醉心于有形的名牌包包、名车或豪宅，受其奴役，也不再迷失于情感、感觉、思想和观念中，失去自我，这种境界，应该是每个年过四十的人，都要有的礼物才对。

佛陀是慈悲的，人到四十岁应该就能感应、并领悟

◎ 在当下觉醒 ◎

佛法想说的简单道理：觉醒地活着，但并不执著万象。如果你能领悟这个道理，就能除一切苦，接着，你就不是你了，再往下走，你会发现，连佛也不是佛，佛法也不是佛法，没有西方极乐世界，没有涅槃，更没有地狱，以及一切一切……

人到四十，应作如是观。

◎ 在当下觉醒 ◎

第一篇

每个人,
　　　都是会随风而逝的沙人

其实，你不是你，我也不是我……

从《金刚经》中可知：当我们走路时，这个走路的人是不真实的，也不存在的，只有人走路这个现象是暂时存在的。

"我"是由什么组成的？从心理和物理的世界来看，根本是天壤之别。心理的我和现实物理世界的我，是有极大差距的，但我们都以我们自己认为的"我"，活在这个无常世界中。这个道理小孩子和青少年不懂，四十岁的人才会慢慢觉醒，看清真实的我是什么。

或许白天压力太大，有一天晚上当我睡觉时，竟然

◎ 在当下觉醒 ◎

梦到有人在追杀我，我恐惧地往前跑，突然间跌落山谷，顿时感觉到一阵痛楚，当整个人苏醒过来，才意识到自己是躺在地板上，然后恍然大悟，原来刚才是在做梦。白天时，总认为身体就是我，若身体是我，在梦里被追杀的我又是谁呢？身体又怎会安然地躺在床上呢？

由此可知，我们的身体并不是真正的"我"，我们的身体，只是被我假借在这娑婆世界活动的工具，就像我们到迪斯尼游乐园去玩，米老鼠跑来和我握手、拥抱，米老鼠也只是人穿上玩偶服，显现出来的样子，表演时间结束，人脱下服装，米老鼠就不会动了，只是件衣服而已。同样的，我们的身体使用时间到期了，我们便离开了身体，身体最后只是一具白骨，甚至变成一抔尘土。

那么身体不是我，我在哪里呢？

曾在电视上看到龙卷风侵袭民宅的画面，只要被龙卷风扫过，就没有一样东西是完好存在的，仔细看龙卷风的形态，外围的气流绕着像真空状态的台风眼转，而这空无一物的台风眼，却控制着整个龙卷风的动态。同样的，对生物来说，外围的风就好比是我们的身体，而空空的中心点，就是所谓的我，无相、无色、无形，却可操控身体，做出我任何想做的事情。

有位公差奉命押解犯人到案，这犯人是个和尚。不甘心沦为阶下囚的和尚，一直在寻找逃跑的时机。他想尽办法和公差拉关系，百般地讨好公差，做出一副恭顺合作的样子。渐渐地，公差对他的戒备心松懈了，甚至晚上住宿时，还与和尚同桌吃饭。

有一天晚上，两人投宿一家客栈。因为押解的目的地马上就要到了，公差心里非常高兴，就与和尚开怀畅饮起来。和尚见有机可乘，内心狂喜不已，但仍不动声色地和公差划拳饮酒。两人酒过数十巡后，不胜酒力的公差醉得一塌糊涂瘫在床上，和尚趁机从公差身上摸出钥匙，打开自己手上的镣铐，再把镣铐铐在公差身上，但这仍难消其心中愤恨，于是他找来一把锋利的刀子，把公差的头发剃光后，趁夜色逃之夭夭了。

第二天，公差醒来看不到和尚，心慌了，不自觉地用手摸了摸脑袋，却摸着一个光头，他心里顿时松了一口气："原来和尚在这里！"

接着，他又检查随身衣物、盘缠，一切都原封不动。他又愣了半响，自言自语道："和尚在，衣物、盘缠也都在，那么，我呢？我到哪儿去了？"

同样的道理，我们总是活在外形表相、执著在色相里，但所有的相，只是来自于因缘的假合。因为有了喝酒的因缘，公差才会喝醉，和尚才可趁机逃脱，事情也不可能再回到两人喝酒的当时，过去就过去了，已变成了历史画面，不可能再重现。

可是，我们却喜欢活在历史画面的记忆里。我认识一个朋友，他刚进公司时，公司同事因为他是新人，所以对他呵护备至。过了半年后，他已经习惯了公司的环境，大家就不再花那么多心力关心他，他却开始怀疑同事是不是在排斥他，整天疑神疑鬼，导致和同事间产生隔阂。

他没有想过，现在的他和半年前的他已经有所不同，但他却只想停留在半年前，同事对他呵护的回忆里，但那是虚相，虚相里的东西都是会变的，会随着时间、人事物的变化而改变、消失。

所以，佛陀说，凡所有相皆是虚妄，不管是怀念年轻时谈恋爱的甜蜜回忆，或是过去曾经风光一时的辉煌时光，都是人自己心中的假象，眼睛一闭，这些东西都会消失不见，但许多人却一直活在过去的记忆里，一再迷失、堕落于假象中，难以从这幻梦中醒来。

我们都因为有我执的存在，才会以我为主，以我为本位，也才会有"你"的出现，如此就有人相、众生相。我们心中一旦有了其他人的存在，就有分别心，各自有各自的想法，只要每个人坚持自己的立场、看法，

◎ 在当下觉醒 ◎

这个世界就不会有各自相安的一天。

最近,朋友常向我抱怨,说他的主管虽然年纪比他大,却好像是没工作经验的人,做事不会事先规划,什么都不懂,连作业流程都搞不清楚……劈里啪啦,说了一大堆。其实,我仔细想想,朋友太执著于自己的想法,事情一定要按照他的想法做才正确,少了一个动作就是错的,他太局限于自己的框框里,看不到别人做事的底层意义,反而让他无法有太大的成就。

我们都爱照镜子,从早上起床开始,刷牙、洗脸少不了镜子,梳个头、换件衣服也都要照镜子,看镜子中的自己有没有变化,但每看一次,就执著它一次。其实,我们太在意镜中的我,就是执著我相太久了,忘了要在意存在于深处的我,也就是佛性,其实,这才是真正的我。

只要你能提起勇气,丢弃我执、我的意见、看法,不著相,也就是无我,才能达到《心经》上所说的不生

◎ 在当下觉醒 ◎

不灭，那才是我，是生命中真正的我，而不是在刹那间变化的肉体上的我。

　　佛陀从不认为自己在教众生说什么法，他把自己和想法都抛弃了，所以能够来去自如。当我们真正认识我的存在，了解到生命的本质，看清楚了，你就会发现原来我是我，我也不是我，而你也不是你。

◎ 在当下觉醒 ◎

人生没有保证幸福条款

很多保险业务员在推销保单时，总会强调这张保单有什么保障条款，为了让你保得安心，业务员们会讲得天花乱坠，似乎只要买了这张保单，就可以保证你拥有一生的幸福和快乐。

事实上，在人生这张合约里，并没有幸福保证条款，即使你能拥有财富、名气和事业，也不见得可以拥有幸福和快乐。

有个老魔鬼看到人间的生活过得太幸福了，他说："我们要去扰乱人间，否则魔鬼在人们心中就不存在了。"

他先派了一个小恶魔去扰乱一个农夫，因为他看到那农夫每天辛勤地工作,所得却少得可怜,但他还是那么快乐、知足,让老魔鬼看得很不顺眼。

被派下凡的小恶魔想,要怎样才能把农夫变坏呢?他想了一个办法,把农夫的田地变得很硬,没办法耕种,想让农夫知难而退。

农夫来到田地,对着农地敲半天,虽然非常辛苦,但每回累了,却只是休息一小会儿就继续干,没有一点抱怨。看到计策失败,小恶魔只好摸摸鼻子回去了。

于是,老魔鬼又派了第二个小恶魔去,这个小恶魔想,既然让他更加辛苦都没有用,那就拿走他所拥有的东西吧!

小恶魔想到就做,他把农夫午餐的面包和水全偷走了,他想,农夫做得那么辛苦,又累又饿,现在面包和水都不见了,他一定会暴跳如雷。

然而,当农夫又渴又饿来到树下休息,发现面包和水都不见的那一刻,"不晓得是哪个可怜的人比我更需要面包和水？如果这些东西能让他获得温饱的话，那就太好了。"农夫心里这么想着。

第二个小恶魔的诡计又失败了，只好失望地回到老魔鬼身边。

老魔鬼觉得奇怪，难道没有任何办法能使这农夫变坏？就在这时候，第三个小恶魔出现了。

他对老魔鬼说："我有个办法，一定能把他变坏。"

小恶魔到了凡间，他先去跟农夫做朋友，农夫也很高兴地和他做了朋友。

之后，因为魔鬼有预知能力，于是他告诉农夫明年会有干旱，要农夫把稻子种在湿地里，农夫照做了。

果然，第二年时，别人没有收成，只有农夫的稻米满坑满谷，他因此变得很富裕。

之后，小恶魔每年都对农夫说当年适合种什么，三年下来，农夫成为当地最富有的人。

他又教农夫把米拿去酿酒贩卖，好赚取更多的钱。

后来，农夫开始不下地劳作了，他靠贩卖东西，就能赚到大量金钱。

有一天，老魔鬼来了，小恶魔开心地告诉老魔鬼："您看！我现在要展现我的成果。这农夫的体内，已经有猪的血液了。"

老魔鬼往前看去，只见农夫办了一场晚宴，当地富有的士绅都来参加了，他们喝最好的酒，吃最精美的餐点，还有许多仆人侍候着。这些人整日大吃大喝，衣裳零乱，最后醉得不省人事，变得像猪一样痴肥而愚蠢。

小恶魔又说："您还会看到他身上有着狼的血液。"这时，一个仆人端着葡萄酒出来，不小心跌了一跤。

农夫看到后开始骂他："你做事怎么这么不小心！"

"唉！主人，我们到现在都没有吃饭，饿得浑身无力。"

"事情没有做完，你们怎么可以吃饭！"

老魔鬼见了，高兴地对小恶魔说："唉！你真是了

◎ 在当下觉醒 ◎

不起！你是怎么办到的？"

小恶魔说，只要让农夫以为有钱就是幸福，他自然会离幸福愈来愈远。

最近看到一则新闻报道：有位洪姓父亲是位名校毕业的高材生，他对上小学五年级的儿子期望很高，在课后为儿子安排了许多补习，希望儿子像他一样念好学校。他对儿子的要求很严格，只要考试没考满分，除了又打又骂外，不是朝儿子脸上吐口水，就是把食物丢在地上，要儿子趴着吃，甚至还要儿子学狗叫。

后来，男童因受不了责罚而反抗，却被父亲罚得更厉害、打得更重。洪父表示自己所做的一切都是为孩子好，希望孩子长大也能像他一样读名校、出人头地，这位父亲始终认为自己没有错。

有一次，男童又因考试未达父亲要求而遭到打骂，被锁在屋外不准进家门，邻居听到男童高喊"救命"，便打电话报警，社工人员接获警方通知，紧急安置男童,并声请保护令,不准洪父接近儿子。

后来,洪父希望带儿子回家,但男童不愿意,大喊:"我不要再看到那个人!"

这个父亲对孩子有极高期待,这个出发点是无可厚非的,但问题在于他相信自己的妄觉,以为小孩子只要按照他的想法来读书,将来就可以保证拥有人生的幸福和快乐。讽刺的是,就是这种妄想,才害了这个小孩。

一般人总是把幸福投射在外在的人或物质上,拼命地去追求,像小老鼠为了偷吃油,爬上危险的灯台,却得不到,吃不到油,反而跌入地狱的火坑,摔到无明的黑洞里。

同理,学佛者也是,老师父告诉你认真念佛,似乎就可以保证入净土,和佛住在一起。

事实上,人生既没有幸福保证条款,也没有人向你保证,学佛的人,一定可以进入净土,包括佛陀在内。

话说回来,无知的学佛者,只是把修行当做是逃避

◎ 在当下觉醒 ◎

自己的代名词，把念佛当成快速到达净土的捷径。

古时祖师大德有言："口诵弥陀心散乱，喊破喉咙也枉然。"

如果你没有看透自己制造出来的种种妄觉幻想，就算你念佛千万遍，念佛十几年，还是到不了净土，若只靠念几个字就能了生脱死，佛陀为何还要说法四十九年？

尤其，有人把学佛当成买卖，以为念了几部经，参加了几场法会，放生了几条鱼，就可以向佛菩萨换来福报或智慧，这种想法愚蠢至极。

鬼逼禅师本来是个专门赶经忏的和尚，每每忙到三更半夜，才踩着月光归去。

某一晚，他刚赶完一堂经忏，回程中路过一户人家，院子里的狗不断向他咆哮，他听到屋子里传来女人的声音："快出去看看，是不是贼？"

接着听到屋子里的男人说："就是那个赶经忏鬼

嘛！"和尚听了羞赧地想："怎么给我取了这么一个不好听的名字呢？我为亡者念经祈福，他们却把我叫做鬼？"

这时候，正巧下着雨，他匆匆跑到桥下避雨，顺道也打打坐、养养神，于是他双盘而坐。

这时真的来了两个鬼，一个鬼说："这里怎会有一座金塔？"

另一个鬼说："金塔内有佛舍利，我们快顶礼膜拜，以求超生善道。"

于是，二鬼不停地顶礼。

这个出家人坐了一会儿，觉得腿痛，于是放下一条腿来，改成单盘。

一个鬼说："怎么金塔忽然变成银塔呢？"

另一个鬼说："不管是金塔、银塔，皆有佛舍利在内，礼拜功德一样是不可思议！"于是他们继续膜拜。

再过一段时间，这位和尚感到腿痛难忍，于是把另一条腿也放下来，随便散盘而坐。

◎ 在当下觉醒 ◎

这时两个鬼齐声大叫:"怎么银塔变成土堆呢?竟敢戏弄我们,真是可恶!"

和尚听到二鬼生气,马上又把双腿收起来,双盘而坐。

两个鬼又叫:"土堆又变成了金塔,这一定是佛在考验我们的诚心,赶紧继续叩头啊!"

这时雨停了,这位和尚自忖:"我结双盘,就是金塔;结单盘,就是银塔;随便散盘坐,就变成了泥巴,这结跏趺禅坐修行的功德真是不可思议啊!"

从此之后,他再也不赶经忏了,只管专心、精进修行,不久便智慧大开,自号"鬼逼",因为是鬼逼而成就自己的修行。

四十岁前醒醒吧!人生没有幸福保证条款,幸福是要自己顿悟的,这个假象四十岁前最好要看透,否则等你交了一堆保费,临死才发现这个事实,那才真是冤大头。

◎ 在当下觉醒 ◎

永恒是一种致命的错觉

心理学家曾做过一个实验,把玩具藏在一个箱子里,让小孩子不停地去打开箱子,让他确认玩具一直都在,只要小孩子连续打开三次,确认玩具都在箱子里,那么,他的大脑就判定且相信,那个玩具是永恒存在于箱子里的,他就可以安心、放心地去睡觉或洗澡。

这个实验告诉我们,永恒这个概念是我们大脑创造出来的错觉,目的是要让我们有安全感,可以身心安顿。

例如,热恋中的情人,只要对方一离开就会非常焦虑不安；相反的，如果对方一直守在他身边，只要连续几天下来，他的大脑就会开始产生永恒的错觉，让他感到安全稳定，他至此会深深相信，对方会和他一辈子厮守在一起，甚至不只一辈子，而是永恒，直到海枯石烂。

同样的道理，从前有个守财奴，把一堆黄金埋在院子里的树下，每隔一段时间他就会把它挖出来看看，如此他才安心且满足。

现代也有很多守财奴，每天跑到银行去看保险箱内的珠宝和黄金，不然就是每天去看存折里的数字，确认钱都还在，才睡得着、吃得下。

从心理学的角度来看，这种自欺欺人的永恒错觉，是我们潜意识的不安所创造出来的。

从原始时代，我们的祖先就活在危险不安的环境中，为了确保自己能活下来，甚至可以活很久，确认自己拥有的一切是必要的，这样的经验和记忆累积流传到我们身上，所以，我们需要靠永恒错觉这个麻醉剂，来释放我们的不安，也是无可厚非的。

然而，从佛法的角度来看，在人类有了文明以后，这种像吗啡般的永恒错觉，不再只是让我们有安全感，它已经转型，变成让我们痛苦的毒药。这个错觉，早就变成了控制我们的执著，我们忘了它是错觉、是假的，忘了我们身处的环境，本来就是无常变幻的，但我们深深相信这个永恒是真的，不应该有变量的。

所以，当我们失去情人、失去财物、失去工作、失去地位和形象，或失去所有你认为不应该失去的一切，我们就痛不欲生，甚至真的走上绝路。因为，我们的执著，早已变成生命的全部，我们都忘了这个执著只是个错觉，人生还有很多可能和变量是可以去期待的，人生还有很多路可以走的。

如果，我们没有误认很多东西是永恒的，当我们失去它时，就不会生不如死。如果，我们没有永恒的错觉，欣然接受万物都是无常或有期限的事实，我们就会活得很自然。

失去至爱，失去心爱的东西，该流泪就流泪，该伤心就伤心吧！这都是人之常情，但就是不要在心底认为至爱是不会死的，心爱的东西是永远不会消失的，太过执著某个人或某件事物，是违反自然规律的。

如果我们能觉醒，看清万物都是因缘聚合而成的，都有其季节和期限的这个事实，永恒的错觉就会消失，我们再也不需要这个麻醉剂，来让我们活在那个违反自然规律的幻觉世界里。

如果你能觉醒，并看清这个事实，那么，你就跟菩萨或佛很接近了。

佛之所以为佛，是因为他对世界、对万物，看得比我们透彻，他可以完全看得清楚，没有任何情结干扰，没有任何主观作祟，他也不会投射任何内在的妄想到这个世界，所以他是佛，是由人进化而成的非人。

然而，成佛需要机缘和各人的决心，我们可以朝这个方向走，但不要逼自己成佛。先从觉醒开始吧，先把睡了几十年的眼睛张开，去看清你以前认为是美、是丑或是你迷恋的东西，到底有多少是你投射的主观妄觉在上面。

尤其是永恒这个错觉，很多人总认为身边所有的人事物都应该是永恒存在的。因此，每天老妈帮他做菜、洗衣，他都不以为意，等到老妈有一天真的病倒了，甚至往生了，才如大梦惊醒，发现原来一直存在的老妈也会老死。

或者，很多父母总以为，小孩永远就是这么可爱的依赖他们，在他们身边，等到小孩长大要出远门或结婚时，他们反而感到恐惧，甚至得了忧郁症。

同样的道理，你的另一半，或你用尽心血才换来的事业，或花了很多年的存款才买到的房子，或是你心爱的车子，都是一样的，并非永恒存在的。

◎ 在当下觉醒 ◎

《金刚经》说："一切有为法，如梦幻泡影，如露亦如电，应作如是观。"当然，这只是一种比喻，很多你喜爱或在意的东西，存在的时间可能不会像早晨的露珠或闪电，一眨眼就消失无踪，但无论你拥有这些东西多久，十年、二十年……甚至五十年，一旦你失去它，在回想的当下，那种感觉：五十年也像闪电一样快，一下就过了。

不管其间有多少点点滴滴和刻骨铭心的过程，都像朝露和闪电，一瞬间就消失了，如梦一般。这种感觉和体验，就是《金刚经》想告诉你的：世上没有永恒不变的东西。

据我所知，很多人无法接受世间万物并非永恒的事实，因此，很多人晚上要吃安眠药才能入睡，醒来时要喝酒或吃迷幻药，才有勇气活下去。事实上，这些人都是吃了"永恒错觉"这个致命毒药的可怜的牺牲品。

我也曾年轻过，我也知道年少时，沉醉在永恒幻觉里那种安适无忧的感觉是很迷人的，就像一个小孩子每天依偎在母亲怀里撒娇，那种永恒的安全感和依赖感，像吃迷幻药般，让你觉得整个人是活在天堂里，从来不会怀疑母亲有一天会消失不见。然而，这种让小孩子有安全感的永恒错觉，到了他四十岁后，如还不能看透并修正，将会变成他的致命毒药。

要破除这种永恒错觉，是很痛苦的事，我也曾经历过，几乎就像整个人被丢到地狱一样，再也没有百分百的安全感，再也没有以前的快乐和无忧。

然而，如果一个人到了四十岁，还不能从自己的幻觉中醒过来，那真是一件可悲又可怜的事。

不幸的是，我身边就有不少这样的朋友，例如，有个朋友酒后开车从不系安全带，我告诫过他这样很危险，他却说十几年来都是如此，他觉得自己技术好、反应快，根本不会有事，他还自豪地说，他以前那辆车，开了很久，开到所有零件都烂掉了，但安全带却还像新的一样。

说完，他觉得好笑，我却笑不出来，因为，总有一天，他会老，大脑和神经系统还有肌肉都会老化，反应会变差。如果他还不觉醒，总以为他永远都很年轻，或许真有一天，当他从永恒错觉醒来的那一刻，也是命丧之时。

还有一个朋友，年近四十仍和父母一起住，不想结婚也不想搬出去，问他以后有什么打算，他总说过一天算一天，反正住家里有老妈照顾，老爸也还有收入，他即使失业也不怕。

在他心中，妈妈是不死的女神，爸爸则是永远的无敌铁金刚。

从物理的角度来看，世上没有永恒的东西，就算地球和太阳，也有使用期限。但在人的内心世界里，世上不仅有永恒，还有很多不可思议的东西，只要人们肯相信自己的妄想，什么事都可能存在。

◎ 在当下觉醒 ◎

永恒是人们心中普遍都有的错觉,你可以把它当麻醉剂,也可以把它当神话或寓言来哄小孩或情人,但年过四十,千万不要把永恒当真,因为,那将是你人生所有苦痛的来源。

◎ 在当下觉醒 ◎

别把房子盖在流沙上

我曾看过一部电影,片中的英雄天不怕、地不怕,甚至连妖魔鬼怪也不怕,但就算他再坚强,当他的家人被绑架撕票后,从不皱眉头的英雄,竟然会为失去家人而痛哭失声,整个脸扭曲变形,生不如死,彻底崩溃……

这个莫大的对比再次印证,一个人如果把自己的全部,寄托在无常的人事物上,那么,这个寄托,就是他的死穴。

因为,人是无常的,万物是无常的,所有的一切总有一天会消逝或变质,一旦无常来临,你的寄托就崩溃了,就像我们把房子盖在流沙上,总有一天我们会被崩塌的房子压死。

可惜的是,人们总习惯于对不真实的东西有过多的期待和执著,这是人生一切苦的根本,如同你把房子盖在流沙上,却还渴求一个安定的窝一样。房子地基不稳,最后倒塌是必然的,这种因果律的必然,也代表了你的苦是必然会来的,而且你期待愈高,盖的房子愈昂贵、愈漂亮,你的苦就愈大。

例如,有些女人爱上了有妇之夫,每天期待着他会和老婆离婚,宁可抛弃一切,包括财产或儿女来娶她。这种自欺欺人的想法,让她把所有期待和未来,都寄托在这个不可能实现的妄觉上,因此,她的苦是必然的。

或者,有人爱上了酒吧女,深信自己会改造酒吧女好赌的习惯或酒瘾,等他投入了一切心力和资源才大梦初醒,知道这一切是不可能的。

像这类以假为真,以幻为实的自欺症候群,在很多人身上都可看到，他们那种明知不可为却仍为之的行为，就像火车脱离轨道乱闯乱撞，终究是以悲剧收场。

人，活着就会有不安，但从深层心理学的角度来看，人如果没有不安或渴求，就不会有能量活下来，这是一个很矛盾的现象，却也是我们身而为人的功课。

人要解除不安，有很多方法，但最笨也最不切实际的，就是把自己寄托在那些不存在或不稳定、不真实的东西上，只为了求个安全感。然而，这种寄托其实等于是请鬼抓药单或喝毒酒来止渴，顶多只有暂时的自我麻痹作用。

《金刚经》字面上很深奥，其实要说的道理很简单，它只是要告诉我们，应该觉醒地活着，不要被自己的情识幻觉所蒙骗，也不要执著于现实物理世界的种种暂时存在的现象，你看得到摸得着的一切，都是真的，但也都是假的，都是空，也都存在。当我们看清了这个现实世界的本质是暂时存在的假有，也看清了自己内心世界

◎ 在当下觉醒 ◎

的种种情意妄想都是空之后，不要沉迷于哪个空，或哪个不空，一切都不迷，不执著，包括对佛法，对《金刚经》或菩萨，都不著相、不执著，才能真的离一切苦，觉醒地活着。

觉醒地活在这世间，但不执著任何东西。

《金刚经》想告诉我们，万物万法都是变幻无常的，都是流沙，我们如果把自己的心或情感寄托在这些流沙上，只会时时刻刻更加不安和恐惧。

如果你一直活在苦海里，例如，你爱的人不爱你；你想升官，老板却不赏识你；你想成为上流人士却做不到；你以为辛苦把孩子养大，孩子就会奉养你……这些妄想和焦虑的产生，其实都是因为你把房子盖在了流沙上，也就是说，你把自己的期待和欲望，投射在这个变幻无常的世界里，然后指望全世界的人都要来实现你的愿望，这就是苦的根源。

《金刚经》为何要取名叫金刚，因为里面说的法、

◎ 在当下觉醒 ◎

提到的空性和佛性，无坚不摧，永不崩坏，如金刚钻般坚硬牢固，这样的东西，才能让人有所寄托而不会坠入苦海，到了最后，再把这个金刚地基也放掉，你就真正能脱离苦海了。

佛法深奥博大，要到达无我金刚境界不容易，但其实也并非不能涅槃或地狱只在一念间，当你所期待的落空或变质，当你所寄托的崩坏消逝，当你坠入生不如死的苦楚里时，你就应该醒过来，看清你的苦是自己的妄觉造成的，如果你不能觉醒，还执著于这些无常变幻的一切，那么，佛再神通广大也救不了你。

◎ 在当下觉醒 ◎

自我，是不完美的意识程序

有个人出门办事，却在经过险峻悬崖时，一不小心掉到深谷去了。幸好他胡抓乱挠，抓住了崖壁上枯树的老枝，才保住了性命。但他整个人悬荡在半空中，上下不得，正当他不知如何是好的时候，忽然看到佛陀站立在悬崖上，慈祥地看着自己。

旅人一见到救星，马上大声地哀求佛陀："佛陀！求您发发慈悲，救救我吧！"

"我当然可以救你，但是你要听我的话，我才有办法救你上来。"佛陀慈祥地说。

"到了这种地步，我怎么敢不听您的话呢？随您说

◎ 在当下觉醒 ◎

什么，我一定听您的。"

"好吧！那么请你把攀住树枝的手放下！"

旅人一听心惊胆战，手一放，岂不是要掉入万丈深渊，跌得粉身碎骨吗？怎么可能保得住性命？因此，他的手更加抓紧树枝不放。佛陀看到他执迷不悟，只好离去。

这就是自我，旅人不曾想过，他不把手放下，拼命执著，佛陀要怎么救他脱险？

在唯识学中，有一个词和心理学中的自我意识是一样的，就是所谓的末那识，可以说它是所有苦的关键。虽然，我们所知的苦的根源来自第八识阿赖耶识，但真正起心动念，对外境产生妄想和执著，让我们付诸行动去造业的、去招来苦痛的，却是末那识。

这也是心理学中的自我人格，这个意识，本能地要我们去趋乐避苦，本能地要我们相信有一个"自我"存在，所以不管遇到什么都会在意，会以己悲也会因物而喜，甚至把人生中的所有苦乐都当成真的，苦苦、牢牢地执著，永不放手，也学不会放手。自我意识愈强，苦就愈深……

偏偏，人得到愈多，就愈害怕失去，一旦害怕失去，苦就跟着来了。

有一个大老板，年纪刚过四十，家财万贯、妻贤子孝，大家见了他，不免会大大夸赞一番，但他总是皱着眉、撇着嘴，仿佛对什么都不满意。问他烦恼些什么，他苦笑道："永远有忙不完的事，开不完的会，回家还要当好丈夫和爸爸的角色，你们看到的只是我光鲜、亮丽的那一面。"

事实上，只是因为大老板太在意外在的评判和看法，以及这些评判赋予的价值，所以虽然什么都拥有，却依然觉得一切都是苦，都是折磨。

《金刚经》厚厚一本，很多人都觉得其内容深奥艰涩，其实，这本经从头到尾只想告诉我们一个事实：

◎ 在当下觉醒 ◎

"自我意识"这个程序是不完美的,它会让我们迷失在自我的假象里,让我们以为一切都是真的、永不消逝的,然后为所拥有的东西所苦,害怕失去,害怕不符期望。事实上,这些东西只是虚妄,你所在意的,也只是俗世的一粒尘埃被过分放大。

有一个生活在亚马逊河畔的住民,趁着假期前往佛罗里达州戏水游玩,下水前,他问导游:"你确定里面没有鳄鱼?在我的家乡,鳄鱼会把人咬得支离破碎。"

导游笑了笑:"我敢保证绝对没有。"

这游客开心地下水玩了大半天。结束后,他步上岸,好奇地询问导游:"为什么你这么肯定水中没有鳄鱼呢?"

导游保持一贯的微笑:"因为鳄鱼也会害怕鲨鱼啊!"

从此,这名游客再也不下水了。

这名游客下水时,心中是空的,他已经放下了我执,也就是故乡水中有鳄鱼的阴影,所以能如此悠游玩乐。但是后来,他又添了新的意识,新的烦恼,再度让自己陷入妄想中,也阻碍了他可以行走的道路。其实,鲨鱼岂会这么轻易出现?一切也不过是他自己吓自己、给自己压力罢了。

许多人在学佛行事之际,也难逃这个盲点。

有位科学家,曾把一个成年人和一只猴子关在同一个房间里,他的目标是看谁能先取下挂在天花板上的香蕉,香蕉下有组梯子,但只要一踩上梯子,旁边就会有喷水器洒下水来。

成年人不愿意自己被水淋湿,深思了许久,最后,他发现墙壁旁边有另一把梯子,于是他兴冲冲地把这把梯子搬来。

但就在他架起梯子时,发现香蕉不见了,原来,猴子并不顾自己是否会被淋湿,爬上梯子,爬上天花板,把香蕉拿下来吃掉了。它心中没有自我的存在,它做任何事都没有窒碍，只想着行所应行，反而得到最好的结果。而人呢？水洒了会湿，也会干，但他只想到湿的时候，忽略了香蕉一转眼就没了。

我们一般人都是怕被水淋湿而去找梯子的人，都是被自我意识左右的人，如果我们无法看破外在一切是空，要怎么参透世间的法？要怎么脱离苦海？

有人问，没有得到，也没有失去，那么我到底是什么？

我不需要得到，也没必要失去，我，是看清、是抛去执著，这并不是叫大家否定自我，而是让大家更了解我存在的意义。

学佛并不是要变成另一个佛陀，而是你本来就是未成佛的种子，你也可以成佛，你也可以让自己的自我程序升级，而不是要你把自我都拿掉或否定掉，但很多人不了解这个道理，学佛学到最后反而得忧郁症……

相对的，一个人活到一个阶段，也应该看清"自我是不完美程序"这个事实，必须用心去修正或升级，才是真正的开悟，才有可能真正睁开眼。

其实，整本《金刚经》只想告诉我们，应无所住，不论是苦、是乐皆无住，即使死亡来临，也像春风一样如来如去，万般不沾染，这样一来，连"自我"也无住，自然能自在面对人生这场游戏。

因此，只要我们能透过佛法来修正"自我"这个程序，尽管自我可以经历或映照万事万物，但不要有任何窒碍，不要沾染任何妄想，自然就可以清凉自在、脱离苦海。

痛苦，是觉醒的闹钟

现今社会几乎每个人都在嚷嚷："活着好苦！"大家为生活苦，为感情苦，为钱财苦，为地位苦……好像人生就是一个苦字，只是在活受罪，只为享一个苦果。这样的心态，让我想到一个故事：

有位老太太，她对丈夫、儿子的作为总是不满意，总是恶言相向，终于有一天，她的丈夫走了，儿子也离开她到他乡求生存。最终丈夫、儿子都客死异乡，她连死前最后一面也没见到。

老太太哭了好多天，从此以后，她只能一个人面对日渐苍老和无力的自己。

◎ 在当下觉醒 ◎

然后，佛陀来了，他问："你觉得痛苦吗？"

老太太收起眼泪，摇摇头："痛苦是什么？我为什么要痛苦？"

佛陀开口："你的丈夫走了，儿子走了，接下来的半辈子，只有你一个人，这样不苦吗？"

"不苦。"老太太说。

"那么，你为什么哭？"

"因为现在，我已经没有什么需要守护和追求的东西了，我的痛苦的源头已消失。而我却在经过这个痛才明白，以前的苦和这件事比起来，根本不算是苦，我却为了那些微不足道的苦，伤害了丈夫、伤害了儿子，让他们跟着我一起苦。"

"那你现在想做什么呢？"

"我要去告诉其他被苦所困的人：只有自己觉得苦，才是真的苦；只有苦过了，才有可能得到更高、更深的智慧。如果从来不以为苦，那就是顿悟了。"

◎ 在当下觉醒 ◎

佛陀笑笑之后离去，他知道老太太觉醒了。

最近层出不穷的社会案件，不外乎女生失恋了就割腕、跳楼，男生失恋了就砍人，在这些男女心中，眼前的苦就是全部，于是跟着这个苦发狂、沉沦。

例如，有一名二十五岁的女子，爱上一个爱情骗子，她知道对方欠下二十多万元债务，甘愿将私房钱拿出来偿债，甚至签订代还协议。可惜对方人财两得后，滥赌如常，更视她为"提款机"和人肉沙包。

女子看清楚男方的真面目后，两人常争吵打架，男子变本加厉地虐待她，对她拳打脚踢，但一见到女子伤心欲离去，却又满怀诚心地道歉……

最后，女子受不了对方忽好忽坏的态度，精神大受打击，在求助精神医师无效下，选择跳楼结束生命，男方则因施暴、诈财被捕入狱……

其实，不管是失去时的伤害，或是失去后的孤独，都会让人痛不欲生。有些人会从这种痛苦中站起来，调整自己的心态，把这个痛苦当做觉醒的闹钟，找到自己生活的方向，有些人却无法从痛苦中学到教训，只能不断沉溺在痛苦中无法自拔。

有一个故事是这样说的：在山里，住着一位樵夫，他辛苦忙碌了好几个月，终于盖好一间可以遮风挡雨的房子。

这天，他挑着砍好的木柴到城里交货，到了黄昏当他回到家，却发现房子起火了。左邻右舍都赶来帮忙，却因为傍晚的风势过大，所以始终没办法将火扑灭，一群人只能焦急地、眼睁睁地看着炽烈的火焰吞噬了整栋木屋。

好不容易，大火终于灭了，只见樵夫手里拿着一根棍子，跑进倒塌的屋里不断翻找。围观的邻居中有人说，他一定是在翻找藏在屋里的珍贵宝物，所以人们都好奇地在一旁注视着他的举动。

过了半晌，终于听到樵夫兴奋的叫声："我找到了！

◎ 在当下觉醒 ◎

我找到了!"

邻人纷纷向前一探究竟，却发现哪里有什么宝物？樵夫手里捧的只是一把斧头。

只见樵夫兴奋地将斧头嵌进木棍里，满怀感激地说："只要有这柄斧头，我就可以再建造一间更坚固耐用的房子。"

这就是觉醒，失去的已经失去，你号啕大哭也挽不回烧毁的东西，与其深陷挫折中，为何不用自己原有的力量，去开创更美好的东西？

前阵子看到一个数据：失业率每提高一个百分点，自杀率就会增加四点一个百分点，犯罪率则会提高五点七个百分点，而家庭暴力事件至少增长一倍。

一个失业人口，几乎代表一个家庭的苦，但因此而自杀的、对家人施以暴力的，却是把这个苦又加注在其他人身上，最后，谁也逃脱不了，不但逃脱不了，还把自己和他人更往深渊里推，看不清真实的一面。

◎ 在当下觉醒 ◎

那么什么是真实？

真实就是，自怨自艾解决不了问题，自杀解决不了问题，施暴犯罪更只会增加问题。你不愿意挣脱这个苦的束缚，怎么可能看到更远的美景？

有个小朋友告诉我，他曾经尝试过自杀，因为课业压力太大，因为父母亲关照不够，他半夜起来拿菜刀在手腕划了两刀，看着血不断流出。

"幸好没划破动脉。"他说，"否则我就不会知道之后会遇到这么多好人、好事，也不会知道父母看到伤口时的表情和痛心。我很庆幸自己划了那两刀，否则我会一直沉浸在自己制造的痛苦中。"

无论是事业、人际、感情、财务，只有在经历、看透这些苦后，你才会睁开眼，才会让自己成长，才可以得到不同层面的智慧。

只要人有妄觉，就必然遭遇痛苦，就好像人们老是只看到玫瑰的美，却忽略了它的刺，直到自己被刺伤

◎ 在当下觉醒

了，才会从幻觉中醒过来一样。

痛，是消除你幻觉妄想最好的东西，痛愈多愈清醒。

你要感谢上天为你安排这一段痛苦的经历，他设了好几个闹钟，就为了让你醒来，直到有一天你全然觉醒了，就再也没有任何苦痛可以困扰你……

狗追影子的成功，永远是空

前几年佛指舍利来台湾，轰动海峡两岸，还派武僧、保安人员层层保护小心护送。在运送的途中，有些人跪在道路两旁迎接，计有上万信徒前去朝拜，甚至有人看到后会感动得落泪。小小的一节手指白骨，被供奉为世间至宝，并建塔安置，已过两千五百多年，世人依旧如此尊敬，究竟为什么？

古代的皇帝被称为天子，普天之下没人可以和他比拟，坐拥世间财富，山河大地全都归他所有，活着时，被天下人朝拜，为何死后的尸骨却乏人问津？竟输给一位身上一无所有,连吃饭都要自己上街托钵的佛陀?

最近看到一则新闻报道:台湾首富郭台铭多年前为妻子买了块墓地,却因为墓园的地主不满产权纠缠不清,在墓园入口围起一堵墙。郭台铭为了躲避记者的采访,被迫半夜拿手电筒,摸黑翻过围墙,才能到妻子的墓前祭拜。最近更是为了弟弟病情,数日不得安眠,感叹有钱也买不到健康。

回头看看,首富和我们也没有什么不同,拥有再多的金钱、再响亮的名声,生病也要看医生,与亲人生离死别也会痛苦,也会有过不了的难关。老了,最后的结局,也是转眼荒郊土一封,回归自然。

很多人为了拥有成功以及光鲜的外表,每天辛勤工作,甚至打落牙齿和血往肚子里吞,为求财富、权势及地位,不只无法好好享受生命,而且忽略了内在的修养，被感官所蒙骗，以假为真，天真地以为获得成功，就能让自己离苦得乐。

据说，仙人吕洞宾有回下凡到人间，正巧看见一个小孩在路旁哭泣，他好心上前询问："小朋友，你为什么哭啊？"小孩回答："我母亲生病了，家里却没钱给她看大夫，我心里很难过。"吕洞宾被小孩的孝心感动，马上举起手指，将路旁的石头点化为黄金，拿给小孩，小孩却摇头说："我不要这块黄金。"吕洞宾听了，更加惊讶，认为小孩纯朴善良，问道："你不要黄金，那你要什么？"小孩坚决地回答："我要你的手指。"

原来，小孩以为有了吕洞宾的手指，就随时有黄金可拿。

"成功"两个字太抽象，是由各种因缘和合而组成，就好像狗在太阳下看到影子，好奇地追着自己的影子跑

◎ 在当下觉醒 ◎

一样。如果它在树荫下、房子里,没有影子,就不会愚痴地跑。一般人把成功寄托在别人对自己的期望、注目眼光、口中的赞美声、存折上的数字里,少了这些,成功似乎就不存在。

其实,正确地说、正确地看,"成功"只能享受其中过程,若执意要看到结果,只会让你陷入狗追影子的下场,因为,狗永远抓不到影子,最后,使自己活在懊恼中。

发明大王爱迪生的实验室不幸发生大火,眼看所有的研究成果即将付之一炬,爱迪生的儿子焦急地四处找寻父亲,意外地发现满头白发随风飘扬的爱迪生,竟然也挤在人群中平静地观看大火,好像身旁那些看热闹的群众一样。

儿子气喘吁吁地对他说:"实验室就快烧光了,该怎么办呢?"爱迪生却只是表情平静地说:"去把你母亲找来,这样的大火真是难得一见。"隔天,爱迪生面对化为灰烬的实验室说:"感谢上帝,一把火烧掉了所有的错误,我又可以重新开始了。"爱迪生忘掉大火,重建了他的实验室,并成功地在大火之后三个月发明了留声机。

在《史记》中,记载了范蠡不贪图名利、不看重钱财,进退自如的故事:

春秋时期,范蠡戮力辅佐越王勾践,终于使越国复兴。胜利后,越王封范蠡为上将军。可是,范蠡知道勾践的为人,只可共患难不能同富贵,于是辞书一封,放弃高官厚禄,只带少量珠宝,乘舟远行,一去不返。

范蠡辞去上将军后到了齐国,更名改姓,躬耕于海畔,没有几年就积产数十万。齐国人仰慕他的贤能,请他做宰相。后来，范蠡感叹道："居家则至千金，居官则至卿相，此布衣之极也。久受尊名，不祥。"于是归还宰相印，将家财分给乡邻，再次隐去。

等他到了陶这个地方，范蠡看出这里是贸易要道，可以据此致富。于是，他自称陶朱公，留在当地，根据时机进行物品贸易，短时间内又累积一笔财富。后来，范蠡的次子因杀人而被囚禁在楚国。范蠡说："杀人偿命是应该的，但我的儿子不该死于大庭广众之下。"于是就决定派小儿子前去探视，并带上一牛车的黄金。可是大儿子坚持要替小儿子去，没办法，范蠡只好同意。

过了一段时间，大儿子带着次子的死讯回到家。家人都感到悲哀，只有范蠡笑着说："我早就知道他会被杀，不是大儿子不爱弟弟，而是有所不能忍啊！老大从小和我在一起，知道谋生的艰难，所以不忍舍弃钱财。

而小儿子从一出生就坐拥千金，不知道财富来之不易，也不把钱当钱。我之前决定派小儿子去，就是因为他能舍弃钱财救人，而大儿子不能。次子被杀是情理中的事，也不用太过哀伤。"

以上这都在告诉我们，人可以追求成功，但要有觉知，就像范蠡和爱迪生一样，在名利面前，始终保持清醒的头脑，进退自如，不紧抓曾经拥有的一切，才不会落得失去后的痛苦。

佛陀的手指骨，经千年还不失人们对他的敬仰，是因佛陀不把成功寄托在外在的事物上，知道世间的万事万物，只是因缘和合而成，也因时间到了，条件不够了，而消失不见。

佛陀以追求心中的清静无染为成功的目的，将毕生的心血用来引导世人，认清世间的真相，希望大家能和他一样快乐自在。所以，他的手指、牙齿、身上的遗物，才会历经千年后，依然被人们所敬仰，人们以物来感激、缅怀佛陀对人间的贡献。

广钦老和尚曾说过："世间事，没来没去，没什么事情。"若你能了解这句话的涵义，相信成功将一辈子跟着你，不再是狗追影子的空影。

感情是填洞游戏，不要当真

什么是感情？感觉加情绪，只要有一点误解或不对味，感情就会变调。

中国老祖先很聪明，会用很多现实资源来锁住一个人，才有大家庭的团圆和繁荣。

如不管现实的要求，只谈感情和感觉，是非常不稳定且虚幻的，因为，感觉是捉摸不定的，会像吉卜赛人一样，永远孤单地漂泊流浪。

阿玛斯在他的著作《钻石途径》里说，每个人心里都有感情创伤，这些创伤就像坑洞一样，让人觉得心少了一块，空洞洞的，有不安及匮乏感，因此，人们总要找一些他们自己觉得可以填补心里坑洞的人，来让自己依靠，让自己不再是孤单空虚的灵魂，这就是他提出的"坑洞理论"。

从这个角度看，人们互相追逐及伤害的亲密关系或感情，说穿了都只是一种找人来填补自己心里坑洞的游戏，一旦这个亲密爱人离开你或消逝，你的坑洞就又开始空虚起来，于是，你会急着去找下一个填洞的人。

讽刺的是，这个亲密爱人一旦消逝或离开，你并不是因为他的离开或缺席而感到难过，只是因为自己的完整性被破坏了、坑洞又出现了而感到悲伤，意思是说，你的伤感，并不是因为失去某个人，而是因为失去了自己的一部分。

阿玛斯说，如果我们不能勇敢面对自己的坑洞空虚，就永远只能活在这种依赖别人来填洞，才能活下去的无聊游戏里。如果我们不能从内心深处自觉到，其实我们的本体，或者是内在本性什么都不缺，我们的坑洞将愈来愈多。

其实，阿玛斯的"坑洞理论"也就是佛法所说的"我执"所创造出来的妄觉，我们都以为自己是空虚、孤单的，所以我们会起心动念去寻求外在世界的各种资源，来填补自己心中那些永远填不满的无底洞。

曾经听过一个杀人犯杀死女友的动机，只因女友不听他的话外出工作。经警方审讯得知，杀人犯的母亲曾在他十岁时，因为工作时发生意外而身亡，所以，他不想让女友出去工作，其实是因为害怕女友步入母亲的后尘。

只是，杀人犯平常不让女友出门，女友一个人待在家中无聊，才在家附近的超市打工，却因为被男友发现，并被要求不能再去工作，两人发生争吵，争吵后女友提出分手，男友无法接受她要离去的事实，失手将她杀害，成了杀人犯。

在这个杀人犯的心中，从小就缺少母爱，刚好这位女孩的举动，让他找到这份遗失已久的感情，杀人犯怕失去她，其实是害怕自己将再一次失去有母亲般关怀的感觉，但他没想到，杀了她，这份感情也随之而逝。

人会感觉自己不完美，大部分是你身旁的人加付给你的，就像杀人犯找寻母亲的感觉，是因为看到别人都有妈妈疼爱，而自己却没有，于是在他的自我意识中，感觉总差了别人一大截。

为了追求失去的感情，会让你试图在另一个人的身上找到弥补，但其实，你所付出的感情，只是为了让对方来满足你的需求，达到你对自我的期许，以这为目的的感情，往往就是痛苦的起源。

除了这种情况，往往，我们所付出的感情，却是想从别人身上得到归属感。

例如，我们常会执著于"我照顾你"、"我爱你"、"我疼你"……因为我有付出，你就必须回报我，如果没有得到应有的回报，我们就会怨恨、嫉妒、抱怨、失落……

我有个朋友，每次和他出去吃饭，他总是抢着付钱，口头上也常说"我们都是好朋友"、"不要计较那么多"、"让我来照顾你们"。

有一天，几个朋友要去爬山，因为知道他近来身体状况不太好，就没打电话邀他一起去，事后被他发现，他大发雷霆，即使几个朋友已向他道过歉，他还是不肯原谅，在他的心里总觉得，我对你这么好，你怎么可以不把我放在心上？此后他不再和我们来往，见了面比陌生人还冷漠。

确实，我们的感情一直在寻找需要及被需要的空缺，有它的存在，我们才觉得自己活得有价值、有目的，如同藤蔓必须借着墙壁才能够生长，靠着外境这面墙，感情才有所依附。

之前，从报纸上看到一篇报道：有位妈妈自从小孩被绑架撕票后，心里非常悲恸，她无法接受这个事实。

因此，每天傍晚一定要去小孩的学校，看小朋友排路队放学回家，她就这样呆坐在车上看着小朋友们，渴望有一天能看到自己的小孩出现。

有一天，一辆不守交通规则的轿车闯红灯，差点撞上正在过马路的小朋友，这位妈妈终于惊醒过来，她瞬间醒悟，我的小孩死去了，但还有其他的小孩需要关心。从此，她变成小朋友的导护妈妈，让小朋友们可以安心过马路，其他的时间，她就到孤儿院帮忙，照顾那些需要被疼爱的孤儿。

事实上，我们何必一定要靠别人来填洞？也许你自觉是个被遗弃的人，也许自卑、丑陋，但如果看透了，会有这些阴影都只是和别人比较而来的结果，有了比较，才会觉得自己是个有空洞的人。只要我们能接受自己，还有谁不能接受我们？

佛陀说我们和他一样，都是天上地下独一无二的人，这世上找不到第二个你。因此，先肯定自己的独特,能在单独的自我中得到快乐的人,才会有爱人的能力。

只有在不需要依靠身外的人事物来满足自己、只想分享、没有占有的念头时,我们的感情才是真切的,你不会在乎是否有回应,就像太阳贡献它的热能,种子感受它的光和热而发芽成长,太阳不会因种子发不发芽而改变它自身,它只是存在那里表达自己。如果不是这种想法,感情只是一场自私的交易,只是一场游戏,只是一个填洞的工具而已。

想用感情去捕捉能够填补心中空虚的对象,就如同蜘蛛用来捕捉猎物所织出的网,虽然短期内能见效,但风一吹就破了,破了再织,仿佛一生只为织网而活着。就如同蜘蛛网挡不住风的侵袭,感情同样也禁不住无常的变化,若你还沉睡在感情的网里,就将永无止境地为它所苦。

认清人世间的感情,都是填洞游戏,你不能把这游

◎ 在当下觉醒 ◎

戏当真,才能有自我,才能看清自己创造出来的种种妄觉假象,才能离苦自在。

◎ 在当下觉醒 ◎

月亮再美，也有阴暗的一面

我们都戴着有色眼镜在看这个世界，尤其那些我们觉得美好的事物，其实也都是内心所投射出来的幻觉，无论我们的投射和自欺或自我催眠有多强，这些美好的事物，终究有我们看不见或想不到的阴暗或丑陋的一面。

其实，世间万物根本没有美丑之分，美好是我们创造出来的，丑陋也是我们定义出来的。任何美好的东西，在你只有醒一半时，会发现它的阴暗面；只有当你全醒了，才能发现所有东西都只是原来的样子。美丑、好坏或善恶，都是我们贴上去的标签。

◎ 在当下觉醒 ◎

有位师父跟他的徒弟说："生命是美好的，每样东西都是美好的，每一个人都是美好的。"

这时有个路人经过，听到这句话，马上反驳："我就是不美好的见证者，你看，我是个侏儒，没办法长得和一般人一样高大、做一般人想做的事，常受人嘲笑，我的存在不就证明你的观点是错的吗？"

师父打量了他，开口道："我看不出你和佛陀有什么不同，佛陀是一个，你也是一个。"

在我们的想法里，每件事物都有它的制定规范，例如人要有四肢、要五官齐全、要能走路等，才是正常人，少了一样或是没达到标准，就被贴上不正常或是特制的专有名词。

其实，这都只是我们自己头脑里想出来的模板，就像面包师傅把揉好的面团，一个个放上烤盘中，进烤箱烘焙，如果烤出来的外观颜色比正常的深或浅，就被视为瑕疵品，不能上架贩卖。

难道那些烤坏的面团就不是面包吗？当然是，只不过外观不同，如果探究本质，它们不都是面粉做成的？

我们常用比较的心态，去看世界上的人事物，并依照经验，判断优劣、成败、得失、对错等，但是二分法的结论，使得我们的心境总是随着外在环境起舞，只要别人的话、眼神、动作、态度不合我们的意，我们就起烦恼，心中就有所不平，就无法活在自在快乐中。

这时候，只有觉醒的人才能超越二分法的境界，他知道每样事物存在的本质，都是一个个独立的个体，不去比较、批判，没有对立，自然无烦恼可言，一切都是美好的。

有个朋友因工作关系无法常常回家，但他固定每星期都会回家一趟，拿衣服回来给他妈妈用手洗。

邻居看了，都觉得这个儿子太不孝了，母亲年纪都那么大了，还要为他洗衣服。有一次，我也忍不住问他："你的工作真有那么忙，忙到连洗衣服的时间都没有，需要带回家洗吗？"

朋友回说："就因我不常在家，不清楚我母亲的身体状况，如果打电话问她，她又不会说实话，生病也会跟你说没病，为了更明白她的健康状况，我才会出此下策。"

他接着说："每次回家拿洗好的衣服时，我都会检查衣服有没有洗干净。如果洗干净了，表示她的身体状况很好——有体力洗衣服；如果发现衣服还有脏污，表示她可能生病了。这招还蛮有效的，她有次还问我，是不是在家里装监视器，不然怎么都猜得到她的身体状况。"

朋友的用心，在他的邻居看来是不对的行为，但世上没有绝对的东西，祖师大德说："境缘无好丑，好丑起于心。"就像我们看到新生儿的诞生，我们会感觉高兴、喜悦，因为家里又多了一个成员。但在佛界看来，却是感叹，他们感叹又少了一尊佛，多了一个受苦的灵。

天下没有不劳而获的事，成果不是凭空得来的，看似美好的事物，背后往往藏着看不到的真相。

每隔四年就要风靡全球的世界杯，总是吸引球迷疯狂观战，大家都看得到球场明星叱咤风云，却很少有人注意到，他们脚上所踢的足球，有些是年仅十多岁的非法童工亲手缝制而成。他们一天工作八小时，每人一天最多生产出两个足球，赚取台币不到两块钱的工资。在缝制过程中，他们经常不小心被针刺伤，伤口还没愈合，又再度受伤，他们手上大大小小满是针扎的伤口。他们卑微而辛劳做出的足球，却让人拿来踢进球门，成为足球运动员扬名世界的工具。

这也让我想起一个朋友的遭遇：朋友筹划一个活动，人手不足请我去帮忙，看着朋友每天忙进忙出，细心督促每个环节的作业流程，连上个洗手间、喝杯水的时间都不愿浪费。而他的上司，对朋友也蛮照顾的，每次来都买一堆食物，也常鼓励他、夸赞他，朋友也会把全部情况，详尽地告诉上司。

活动当天，来宾们都乘兴而来，尽意而归，活动圆满结束，老板笑得合不拢嘴，因此开了庆功会。我和朋友想着，老板应该会大大地奖赏他，搞不好升官加薪。结果，升官的是朋友的上司，我的朋友只得到掌声。

原来，这个上司把朋友告诉他的企划、整个流程进行的进度，转诉给老板，让老板以为整件事情都是上司做的。朋友很伤心，觉得被他的上司骗了，但上司对他好是事实，他只能自叹倒霉，不过也从中学到，事情不能只看表面、只听片面之词，就妄下断言。

换个角度看，我们平常所迷恋的美味佳肴，其中的青菜是浇鸡粪长成的；我们喝的水，有些是马桶里的水，蒸发后形成天上的云，再下雨得来的；我们呼吸的空气，是由万物所排出的废气而形成的。

难道我们就不喝、不吃、不呼吸吗？

◎ 在当下觉醒 ◎

不是的！这些原本就是万物存在的本来样貌，是我们自己不想看到真实面，把它美化了，但真相就是如此，只有真正去接受它，了解它，你才能真正感受到生命存在的本质。

每到新的一年，我们都知道要大扫除，四十岁也正是脑内大扫除的时间。而这些真相，正是洗涤陈年堆积在脑中的污垢最佳的清洁剂，让你焕然一新，进入人生另一个阶段。

◎ 在当下觉醒 ◎

青春永驻是违反自然规律的

生老病死不仅是自然规律,也是人生四大课题。有个学佛的朋友告诉我,佛法说一切都是空,包括我们的身体和意识,因此,做人最好看开一点,尤其衰老也是自然规则的一部分。

但是,现代人硬是要靠人为的科技来延缓衰老或改造自己,例如,不少人坚信自己可以留住青春,于是注射肉毒杆菌、整容、吃药、打胎盘素……这些人都是自欺欺人的可怜虫,太执著于身体这个假象。

事实上,我不是很赞同这位学佛朋友的说法,我不知在两千五百年前,佛陀是否真的这样教大家,如果因为有人觉悟,看透万事万物都是因缘和合而生,其本质是空,就放弃这得来不易的身体和意识,这种想法和叫人去自杀没有两样。

佛法的道理是很透彻、很高深的,但人毕竟是人,几乎每个人活下去的生命动力,都来自对生命的热爱,希望得到别人的注意和关心。

因此,那些去拉皮、整形、打肉毒杆菌的人,他们真正要买的不是青春,而是避免衰老,以及避免老化背后带来的没有自信、没有魅力和不受人关注。

所以,我不赞同那些叫人家不要整形或不要打扮的说法,那些都是空话,因为不管你怎么说,他们还是会为了让自己活得快乐,而去做他们认为该做的事,或许有一天他们都经历过了年轻、受人注意是什么感觉,有一天觉得不好玩了,自然就会丢掉这个游戏。

◎ 在当下觉醒 ◎

有些人本来就不注重外表，但有些人的外表，几乎比他的生命还重要，如果佛法硬要叫人都放弃这个肉体，我觉得也不太人性，而且，我相信佛也不是这个意思。

在佛陀时代，很多比丘修不净观（所谓不净观就是想象身体里面装了很多屎、尿、毒之类的脏东西，和另一种想象人死后只剩白骨的白骨观差不多，主要都是要人们不要太执著这身臭皮囊），他们都很精进修行，但他们自从修了这个法门以后，就开始厌恶自己的肉身，想要抛弃它。

有一天，勿力伽难提刚好拿了一把刀子来到园中，有一位比丘向他说："我不要这个身体，这个身体太污秽了！请你杀了我吧！我会将我的衣钵与供养全部给你。"

于是勿力伽难提就把他杀了，然后到河边洗刀子，当他在洗刀子时，见到河中的血水，顿时心生忏悔，但这时在水面上，有个天魔所变的人对他说："你今天做了一件大功德，你杀了他，让他很快就升天啊！而且你做了这件事，很快也可以升天。"

勿力伽难提原本充满挣扎、悔恨的心就释怀了，他转念一想："对！我应该帮助他们。"

结果，他拿着刀子，转身回到园中，有其他的比丘也请他把自己杀了，一个接着一个，他一共杀了六十几个人。转眼间园中到处都是尸体，血流成河。

有一天，佛陀来到园中参加聚会，问道："今天怎么人这么少了呢？"

有人说出勿力伽难提做的事，佛陀听了呵斥道："真是愚痴的人！"

佛说，这样做与放下我执的修行真义是背道而驰的。修不净观的目的是要你们放下对世间财物、身体的执著，是要你们放下心中的执著，并没有要你们毁弃身体啊！

我认为，佛和菩萨都只是在教我们，做人应该时时保持清醒觉知的状态，觉知自己的肉体是有使用期限的，觉知世间万物都是很多元素和条件组合而成的现象，其中有一个条件消失或变动，整体的组合物就会跟着变幻，届时分解时不要太执著，该来的就让他来，真的留不住的，就让他去吧！

再者，时代一直在进步，现在的时空不同于两千五百年前的时空，过去有慢性病的人必死无疑，现在却有各种药物可以延续病患的生命。

例如人工心脏、透析机和器官移植手术，我们总不能说，用这些药物和器材救人就是违反自然规律，相反的，故意不去使用这些医疗器材，才是违反自然规律和人性。

佛法，始终来自于人性，如果有人依法修行，就要违反人性，那才真的是邪教妖法。

同样的道理，现代有整形或抗老化的技术，如果有人觉得可以通过这些技术，让自己延缓衰老，或让自己看起来比较年轻，甚至比较美，那么他选择去动手术也无妨，只要他活得快乐就好。

不过，我在这里要提醒大家的是，你可以做任何想做的事，但无论何时何地，都要保持一颗觉知、清醒的心，就好像你在演一部电视连续剧，不管你演得多逼真，都别忘了你是在演戏，戏演完了就要放下，全部放下，欣然快乐地放下，不要一直活在戏中的角色里，否则，你就是在自找苦吃。

因此，我同意大家去整形，变得更帅、更漂亮，但大家最好还是要在四十岁前，认清一个事实，那就是：尽管你身体保养得很好，你的身体仍然会老化、分解；

尽管医学技术再发达，也有其极限。

因此，一个人要保持青春永驻是不可能的任务，而且也是违反自然规律的，不要对永葆青春有太多的幻想和期待。

人的生命有限，不妨好好运用这个生命演出漂亮的戏，时间到了，该下台就下台，这种豁达才是真正的开悟与自在。

如果你不能认清这个事实，想通这个道理，那么，你临死之前必然是痛苦的，因为，一切有为法，如梦幻泡影，太强求人为的方式永葆青春或想长生不老，不仅违反自然规律，也只会让你活在更深的恐惧里。

现今做整形手术非常热门，不管女的、男的、老的、少的、美的、丑的，只要对身体哪个部位不满意，就去做整形，甚至还可以指定要整容成某明星的鼻子、脸形、眼形等，虽然大家都变帅、变漂亮了，但只要是有为法，必然就有副作用或因果，想年轻、漂亮就要付出代价，承受整形或其他手术带来的后果，这也是代价之一，想清楚了就不会有恐惧。

我曾在网络上看到一则笑话，标题是"真面目"，这则笑话是说：有个女孩长相极丑，没有人追，为了交到男朋友，将全部的积蓄拿去做整容手术。整容后，容貌变美了，终于如愿交到一位心仪的男孩，顺利地步入礼堂。

过了一年后，他们的儿子出生了，当丈夫看到小孩的长相时，疑惑地问医生："这是我的小孩吗？"

医生很肯定地回答："没错呀！是你老婆亲生的。"

因为小孩的长相，不像他也不像妻子，因此，他怀疑自己被戴绿帽子，他直接质问妻子，妻子坚定告诉他，绝对没有做出对不起他的事，但丈夫不相信，愤而提出离婚，这时女孩才坦承，自己做过整容手术，小孩的长相，像原来的她。

事实上，对抗衰老除了靠医学技术外，用内在觉醒的意志，也可以过另一种年轻有活力的人生。

例如，人称艺术老顽童的刘其伟，原先是工程师，四十岁才拿起画笔习画；六十岁进入原始部落做田野采集，踏入人类学领域；七十岁深入婆罗洲雨林探险；七十三岁入非洲；八十二岁组队远赴巴布亚，记录那里自然民族的生活与文化。

他说他到了七十岁，才开始知道自己的生命需要冒险，并不断用冒险来证明自己仍有生命力，以画布描绘出最真实的渴望，他的角色是工程师、画家、作家、探险家、人类学家，他不为自己设限，所以有过人的热情，玩出属于自己的精彩人生。

除了冒险，你也不妨玩另一种游戏，那就是利他救人的超级任务。

根据媒体报道,年近六十的谢伯伯,已经拾荒大半辈子,但在他心里,却有一个最喜乐的天堂,因为十多年来,他默默捐款认养贫童,每个受助贫童能够顺利地成长、就学,就是他最大的快乐。

谢伯伯说:"我每捡一个铁罐,每收一叠报纸,就想到又能赚几块钱,可以给孩子买支铅笔,就愈做愈欢喜。"家扶中心的社工也说他"平常只花三十元(新台币)解决一餐,每次一捐钱却是三千元"。谢伯伯年近九十岁的老妈妈,十多年来也帮着儿子一起认养贫童,她在家里做手工艺品,做一朵假花可以赚五毛钱,一天赚个一两百元。她还告诉儿子,做一星期就可给一个孩子"买新衣",她一直坚持的信念就是:救济人比让人救济要幸福。

因此,身体的衰老并不可怕,只要找到自己生命的价值,就可以活得光鲜亮丽。这个道理,最好在经历人生风风雨雨后的四十岁前领悟，否则，年纪一大把了，还浪费时间去做一些幼稚、愚蠢的事，临死前一定会后悔的。

生命是美好的，如果没有死亡，你就会觉得活太久是折磨。

青春是迷人的，如果没有衰老，你也会觉得永远只演一个角色，就像一些连续剧演了几百集"拖棚"一样，平淡而无聊。

我们可以享受青春，歌颂人生，但没有必要青春永驻。该来的班车，早晚都会进站，能看透并欣然接受这个事实，你有限的人生才会有价值。

◎ 在当下觉醒 ◎

第二篇

你没拥有什么东西，也没失去什么东西

其实，根本没有人背叛你

再亲的人，再爱你的人，也有求生的本能，也有生存的需求。

什么是人？要认清人的现实本质，别一厢情愿地把人当成不吃不喝的天使或神仙圣人。

世上最可怕的东西，不是人，不是鬼，也不是魔，而是你自己的妄想幻觉。

你把某人当成至亲无私的自己人，忘了他也有求生的本能，他也有需求和欲望。为了活下去，或许在紧要关头，他也可能牺牲你；或者，你无法提供足够的资源满足他，他也会背叛你。

◎ 在当下觉醒

你会痛苦，但不能怪人家，一切都是你自己的妄想害死你自己的。

只要是会动的生物，求生是必备的要件，就像某个国家规定，刚出生的婴儿，先要丢在水箱中。很奇特，婴儿自己会摆动四肢，悠游地在水中浮动，等到体内氧气不足时，自己就会游出水面，父母才将他抱起。他们觉得这么做，能增强人的求生意识及生命力。

所以，为了要让自己存活下来，身体会起自然反应，对外在环境的变化，头脑会自动抉择对自己好的方式过活。你会这么想，别人也会这么想，因为大家都是活在这世界的人，六根的需求都是一样的。

人与人相处时，总是有一种甜蜜的幻想，不管是男女、亲情、朋友间，都会对彼此间的关系寄予厚望，以为有了关系的存在，就等于有了安全保证，但没有一份关系能够永保平安。

前阵子有则新闻报道：一位父亲因债务问题，在家与六岁的儿子引火自焚。在火烧的过程中，这位父亲受不了火的热度，自己本能地跑离火场，却留下儿子在火海中，活活地被烧死。

这是人的反射动作，为了生存，总是忘了身边的人的感受，就像那位父亲，不敢自己孤单地死，硬要儿子陪着他，到头来反而是他抛弃儿子，自己逃生。

曾经有两个大学好友，毕业后在外地工作，为了省房租，两人同租一个房间，一方面可以省钱，另一方面也有个照应。过了三个月后，其中A女交了男友，为了不想和男友分离，她决定离开B女和男友同居。B女知道后，当然不愿意，A女搬走后，变成她要付双倍的房租，且租屋时大家也都说好，不能随意搬走。最后，双方未达成协议，A女还是要搬走，B女很难过，觉得A女背叛了她，两人的友谊从此宣告结束。

这件事看起来似乎是A女的不对，她不信守承诺，离开B女。其实，没有谁对谁错，承诺只是当时、当下

◎ 在当下觉醒 ◎

的反应,时间在走,人事物皆在变化,你会感到伤心、难过、愤怒,你觉得对方不够忠诚,不念朋友情谊,抛下你去承担所有的事情,但对 A 女来说,现在和男友在一起最重要,换句话说,她的男友比你还重要,你会受伤,因为你不被重视,而你还一直认为以往的关系会一直继续,长久陪伴你。

往往最亲近的人,是伤害我们最深的人,其实并不是他们伤害你,是你自己只想活在过去的记忆里,死守着别人对你的承诺,因为你怕被抛弃,害怕孤单。若从另一个角度来看,这件事的发生,不是正好让你学习认识自己的好机会,尝试到背叛的感觉,虽然这种滋味不好受,但经历过它,你才会抛弃过去,活在现在,才能从中成长。

别人会选择离开你、背叛你,不能只把问题怪在别人身上,要学会对自己负责,别为自身的问题找替死鬼,推在别人的身上。就像有些先生脾气不好,会使用暴力，妻子受不了离开他，他却怪罪妻子水性杨花，背叛自己；有些员工，上班时不遵守公司规定，被公司炒鱿鱼，就向同事说公司制度不好，要小心为妙；有些人向亲人借钱后不还，还死皮赖脸要续借，亲人不肯再借，就向别人说亲人不顾亲情，弃他不管……

我们的眼睛总是向外看，看到别人却看不见自己，所以我们对别人的了解甚过于自己，也只看到别人对我们不好的部分，却看不到自己伤害别人的地方，这是人性的一部分。

因此，当你感觉被背叛时，先自己想想看，对方是哪里对不起你，看到的结果就是对方不帮我、不挺我、不爱我，没有依照你的意思做，所以你才会有被人背叛的感觉。

我们习惯性地把错加在别人头上，这样可以得到一个错不在己的错觉，以为这样自己就会心安理得地过日子。结果，我们并不因这样而自在，反而更加的痛苦，

◎ 在当下觉醒 ◎

就像个囚犯，被人操控自己的情绪。

要夺回自己情绪的主控权，第一步就是不管发生什么事，要负起全部的责任，不要再为别人生气、快乐，要转变成你高兴是因为自己，你难过是因为自己，学会这个道理，你才会真正得到快乐。

每个人都有他自己的生存权利，你改变不了别人，所以你要改变自己。就像有一个人向佛陀吐口水，佛陀没有感觉，只是看着他，下一步要做什么，身旁的弟子都已气愤不平，预备开口大骂，却被佛陀阻止。佛陀知道他这么做有他的理由，所以只是静静想了解他的动机，不做任何反应。

然而一般人却很喜欢去接球，只要别人抛出一句话、一个动作，我们就跑去接，情绪就直接反射出去，让自己陷入歇斯底里的状态，活得不自由。

所以，要懂得去觉察你的起心动念，不需要去阻止、改变，只要先学会观察它，从中你会渐渐了解自己头脑的反应模式,慢慢地,你就能做回自己的主人,不再受别人的控制,进而体悟到一切唯心造的道理。

◎ 在当下觉醒 ◎

人生是不可逆转的

从物理学的角度来看，时间是不可逆转的，过去已经发生的事，也是不可逆转的，一个杯子被打破了，即使你修补得再漂亮，它也已经不是之前的那个杯子了。因此，不要执著于过去的事情，也不要妄想时光可以倒转。就算曾有美好的经历也不要执著，否则，就会像前面所说的狗追影子，去渴求那已不存在的东西，而这些渴求，正是所有痛苦的源头。

有个朋友在逛国际书展时，有人向他推销一套价值上万元的书，生性节俭的他，连花个几百块买衣服都舍不得，竟然被那位推销员给说服了，原因是他当时想学英文，若买下那套书就赠送一套英文教学 CD，所以他觉得很划算。

不过当书籍寄到家时，他就后悔了，一来家中没有多余的空间让他存放那么多书；二来要分期缴纳的金额更不是一笔小数目。结果，他连包装都没拆，就把书堆放到一个不会碍事也不起眼的地方，眼不见为净，不然每看见一次，就懊悔一次。

我想很多人都有类似的经验，感觉自己被骗钱、被骗感情，或是懊恼如果当初做另一个决定，现在一定会更好，一心想回到当初做决定的时间点，希望能阻止事情发生，那么现在就不会那么痛苦难挨。

其实，即使能让你回到当初的时间点，你的抉择依然会是同一条路，没有经历、走过那段时光，你就不会发现它的好与坏，就像那些有暴力倾向的丈夫，每次打完太太，心情平复后看到太太身上的伤，虽然会拼命道歉，悔恨自己做错了事，并发誓下次不再犯，但等下次

◎ 在当下觉醒 ◎

心情不好时，他依旧会出手打人，只要想法不变、观念不改，纵使时间能让我们倒转，结果还是一样的。

过去那些跌跌撞撞、惨不忍睹或是美不胜收的画面，只是要让我们开悟用的，经历过那些事情，你才会知道要改变，才会去珍惜当下，也才会学到观念要转弯；不经过那些事，你不会衍生出智慧来，也不会反省自己，这些智慧和反省，正是人和动物最大的区别。但我们却把过去当成收集痛苦的相簿，放在脑子里，有事没事就拿出来翻阅，在自己心灵的伤口上撒盐，残害自己。

如果你仔细看看头脑所储存的画面，一定是痛苦的比快乐的多，人心是很矛盾的，想要过快乐的日子，却保留那些让自己不愉快的事，就如同有人想要吃西瓜，却在田里播下苦瓜的种子，不管你施再好、再多的肥料，长出来的一定是苦瓜，不可能变成西瓜。

你有没有好好想过，"苦"到底是什么？它是何方神圣？长相如何？从何而来？我们抓不到它，也描绘不出来，因为它只是种很虚幻的感觉，每当它在时，我们的身心会感到不舒服，像是有块大石头压住心脏，让心里觉得难受。

"苦"几乎是跟着"过去"而来，只要想到过去，苦就出现了。但奇妙的是，人就是不想忘掉过去，好像没有了过去，就不能活着，这个观念真是大错特错；因为唯有抛弃过去，你才能真正地活着，就好像你想要到便利商店买瓶可乐喝，就一定要先抛弃在家里坐着的状态，才能走得出去，否则，你永远只是呆坐在沙发上，喝不到冰凉的饮料。

所以，佛陀教我们度脱一切苦厄的方法，就是丢弃那本放在头脑里的相簿，只有忘掉过去，才能拥有未来。没有过去的色相，苦就不会现形，也就这时候，你才能重新播下西瓜的种子，吃到你想要的西瓜，过上你真正想要的日子。

◎ 在当下觉醒 ◎

其实，时间本身是没有差别的，所谓的过去、现在、未来，只是我们头脑所产生的错觉，真正有觉知的人，只有一个时间，就是当下。过去已逝，未来未到，两者皆不存在这世间，而我们却往往以假当真，把过去当成真的，一直想在水中捞月，被头脑中的幻象所迷惑，到头来只会让我们活在懊悔中，这就是为何我们无法走出轮回的迷宫，被它困住的主因。

所以，基督是永生的，佛陀是永恒的，因为他们就只是活在当下，没有过去和未来。没有时间的限制，就没有所谓的生死，这正是涅槃的境界。生死只是外表肉体的演化，我们的灵魂，真正藏在肉体里的我，未曾断灭过，只是我们总想着过去，活在过去，当然就无法达到如来如去的境界。

我们总是被情爱和钱财两大绳索牵绊，这两项是人世间最难舍弃的东西，就因他们曾是我们的丈夫、妻子、儿女、朋友……所以剪不断对他们的情，拥有过就难以接受失去他们的痛苦，我们依靠这些情感过活，觉得自己要拥有他们，活着才有安全感。

其实真的是这样吗？这一切只是我们不敢接受自己是"单独"的事实，我们害怕孤单，恐惧无所依靠，但说实在的，谁不是单独存在于世上呢？就算你子孙成群，享有众人对你的敬仰，跟随着你，最后来到死亡这个目的地，你依旧是独自一人，或许有人愿意和你同一时间死去，但黄泉路上是不会相逢的，你有你的业报，他有他的债要还，就像是睡在你旁边的人，即使是同一时间入睡，也不会在梦中相遇。

如同，庄子在面对自己儿子的死亡时，并没有表现出任何悲伤，旁人看到了，感觉很好奇地问："难道你儿子死了，你一点都不悲伤吗？"庄子淡淡地说："他没出生前，我活得好好的，他在的时候，我还是这样活。现在他走了，只是又回到没有他的日子，有什么好难过的？"

◎ 在当下觉醒 ◎

我们必须明了：所看到的万事万物，都只是因缘假合而存在，不管是快乐的、如意的、悲伤的、痛苦的，都会因为时间的行走而有所变动，只有自己去面对自我，觉悟出自己要为自己而活，不再依赖身外之物，你才能走出轮回的迷宫。

记住，过去是死的，当下才是活的，不要让死的东西控制我们，忘掉过去，活在当下，你才能脱离苦海，跨进极乐的大门。

◎ 在当下觉醒 ◎

你的"爱"，
往往让对方变残废？

爱是一种幻觉的产物，尤其是期待愈高、要求愈完美的爱，愈会让被爱的人变成残废，因为，没有人可以完全符合你的要求。因此，你要求愈高，对方的自主性和人性就愈不完整。

例如：太太要求先生不能做这、不能做那，完全要依太太的想法和价值观过日子，等于是定做了一堆手铐脚镣和项圈给先生戴。时间久了，先生也将不再是个完整的人，而是被你饲养的残废宠物。

曾在杂志上看过，有父母怕小孩长大后没工作，不能自食其力，竟狠心砍断小孩的四肢，让他成为真正的残障人士，每天推他上街去乞讨、要钱。这对父母天真地认为，社会人士都很善良，看孩子可怜，会施舍钱给他，从此不会饿肚子，这么做是爱他，岂知这样是害他，剥夺他创造美好人生的自主权。

时下，许多父母虽没把小孩变成真的残障人士，但无形中的管教，已使他失去四肢的功能。譬如：不让小孩帮忙做家事，致使孩子连洗衣机都不会用；父母将衣服叠好放在房间，孩子连衣橱在哪都不知道；吃完饭，碗筷也不用收，甚至连碗筷是要清洗的都不知道；水果也都削好，放在水果盘中，直接就可入口，结果是连西瓜原来长什么模样都不知道。每天只会念书、打计算机，什么事只要喊一声，就会有人来帮他处理。父母把小孩当成废人一样在服侍，等他们长大进入社会后，遇到小小的挫折，就会转头辞职不干，只想待在家里，上网聊天、打电玩，却不肯出去工作。这是在爱他吗？是害了他一辈子，你的爱只是让他比身体残障者更无能。

澳洲有位男孩，一出生就没有了四肢，而二十三岁已取得商业学士学位，他是位潜能开发的讲解员，也是一些法人组织的演讲人，一有任何机会，他都喜欢到各处分享自己的故事。他自述："当我到了上学的年龄，因我的肢体残疾，澳洲法律无法让我进入主流的教育体系，我妈妈极力去争取改变现行法律，终于使我成为澳洲第一批能进入主流教育体系的残障学生之一。我喜爱上学，并且想过正常人的生活，但在我早期就学的时光中，我遭受到很不舒服的对待，像是被捉弄、欺凌，原因仅仅是我身体上的缺陷。这对我来说是很难接受的，在父母的帮助、支持下，我找到了可以帮助我战胜挑战的勇气。

"许多次当我心情低落到不想上学，并想借此逃避那些负面的关注时，父母就鼓励我不要去理会那些负面的东西，试着去与一些同学说话、结交朋友，很快地，同学们认识到我并非异类。因为经历了与各种欺凌、自怜、孤寂的情绪的争战，在我体内深植了一份热情，让我可以分享故事与经历来帮助他人面对各种挑战，鼓舞、激励人们活出最大的潜能，不让任何事物阻挡梦想之路。而我所要学的第一课就是'勿将万事视作理所当然'。"

由此可见，他的父母才是真正爱他，让他学会以自己的方式过日子，找到他这世人生的目标。父母的角色不是帮子女排除困难，而是在旁引导，帮助他们找到人生的方向。

看完这篇报道，令我想起一位老师所说的话：若你想要使水桶的水流向你，只要你用手往自己的方向拨，水一定不往你的方向流；而若是你向外拨，反而水会朝你的方向流。

这是在告诉我们，想要让别人对我们好，就应先设身处地为对方着想，以对方的需要来帮助他，而不是自私地将自己的想法灌输给他，如对方想要吃高丽菜，可你偏偏硬要他吃鸡腿，还分析说鸡腿比较有营养，不要吃高丽菜，可是他只想吃高丽菜。最后落得别人不领你的情，自己怪人狗咬吕洞宾，不识好人心。

有个国王来到佛陀跟前听法，并开始练习内观，皇后也是位修行者，两人常在同一个禅房内观。有一天，内观一个小时之后，国王问皇后："若有人问你，你最爱的人是谁？你会怎么回答？"皇后答："我内观的时候，同样的问题也浮现出来，我发现其实除了自己，我谁也不爱。"国王笑着说："好极了！我也有同样的答案。"于是，他俩相偕去见佛陀禀告他这件事。

佛陀说："说得好！说得好！这是走出痛苦的第一步，当一个人开始发现这个问题的症结所在，就可以走出问题、解决问题，否则一辈子都活在想象中，我爱我儿，我爱我妻，我爱我夫，我爱这，我爱那。其实你谁也不爱，你只爱自己，爱自己的欲望、希望与梦想，我爱这个人是因为我期待他能实现我的理想，一旦他的行为、态度与我所要的背道而驰，所有的爱就消失不见了，所以我不是爱别人，而是爱自己！只要能了解这一点，就很容易去除私念，就能够走出以自我为中心的习性。"

觉醒的人不是不能有爱，反而是懂得什么才叫做爱，他知道爱不是去控制、占有别人，也不是去改造别人，而是尊重对方的因缘和个性，彼此互相照顾，共同成长，而又不被世俗的爱的错觉牵绊，两人拥有爱，同时也拥有自由和独特性格。

爱人要爱得自然、不做作，是没有期望的爱，无私的爱，如《金刚经》所说："不住相布施"，不觉得自己是在照顾谁、在爱谁，只是发自内心，单纯的只想让对方幸福、快乐，不抱持有回报的念头，因只要有这念头，贪瞋痴就会跑出来，爱就会变成恨。

所以，不管是男女之间、亲子之间、朋友之间的情爱，要清楚认知对方也是人，是自主的个体，有自己的想法、观点，缘分促成我们相聚在一起，以互相学习、修炼的态度来相处，一同完成这世所要做完的功课，你的爱才有价值。

◎ 在当下觉醒 ◎

拥有愈多，欲望愈难以满足

不要妄想用外在的物质或事物来满足欲望，想"满"足就不会"知"足。

饿鬼道的特质，就是吃得愈多，反而愈饿；欲望愈强，拥有愈多的人，反而更觉得不足和空虚，就像失智的老婆婆，吃过饭了还要再吃。

四十岁前，最好要看透欲望的本质，是在于贪和期待，而非你缺乏什么。其实，你什么都不缺。欲望是非物质层面的，如果一直想用物质去填补，不但会走错路，而且是死路一条。

在佛陀时代，有一位国王，拥有的财富不可计数，他深信今生的位高权重，是他过去布施、造福的结果，为了来世也能有像今生的果报，因此他常捐钱造桥、铺路，救济他的人民。

有一天，他开启宝库，以七天为限，发出通告说："人不分远近，不分种族，只要来此，一定有求必应。"他把金子分成一堆一堆，来求助的人，每人都给一堆。佛陀知道这位国王的用意：他这样的造福，并不是真正的解脱，因为他还是有所求，求来生福报。佛陀为了要度化他，化成一个乞丐来到国王面前。

国王说："你有什么困难尽管说，不用客气，我一定满足你的需求。"

乞丐说："我知道国王喜爱布施造福，所以我是来求取财物的。"

国王说："好，那你就拿一堆吧！"

乞丐拿了一堆金子就走，可是他只走了七步，就又回过头来把金子放回原处。

◎ 在当下觉醒 ◎

国王问:"为什么又拿回来呢?"

乞丐说:"本来我想能解决三餐温饱就可满足,但现在有了这些金子,却还要过着如此流浪的生活,觉得欠缺安全感,所以很希望盖一栋房子,然后娶妻生子。"

国王听了觉得有道理,就说:"你可再拿一堆。"乞丐真的又拿一堆,但没走几步就折回来了将金子放回原位。

国王疑惑问:"又怎么啦?"

乞丐回答:"我算一算仍然不够,因为即使房子盖好,娶了妻,生了子,我还得请一些奴婢来服侍妻儿,或者把房子装修得漂亮一点!"

国王就说:"好吧!那你拿三堆去,这样就足够让你娶妻、建屋、请人服侍了。"

于是乞丐拿了三堆金子,转过身便走。走了七步,又回头把金子放回原处。

国王微怒道:"你真是一个怪人,够你盖房子、娶妻，也够你请奴婢了，这些你还嫌不足吗？这些金子可以让你享受一生啊！"

乞丐叹道："我经反复计算，仍觉得不够，即使什么都有了，可是儿子长大也要娶妻，人生一世确实是追求不完，也做不完。况且人生无常，我宁可过目前这种朴实自在的日子，没有精神的负担及家室之累，可以清净地过一生，我认为目前的生活逍遥自在，就是我最理想的生活方式。"

国王听了之后，觉得这位乞丐见解不凡，希望能向他多多学习。佛陀告知国王自己的真实身份，国王便皈依了他，成为他的弟子，精进修行，不再贪图人间福报。

我们可以拥有财富、豪宅、名车和一切你想要的东西，只要你能看透万事万物的本质都是你的投射，只要你能保持觉醒的状态，你拥有什么都不要紧，至少你不会迷失在里面。

◎ 在当下觉醒 ◎

有一个富翁，拥有财富万千，却到处哭穷。有人问他："你有万贯家财，怎么还哭穷？"

他说："不知道什么时候会有水灾或火灾，所谓'水火无情'，财富可能在一瞬间就消失啊！"

旁人说："哪有那么多的水火？"

富翁说："贪官污吏也会抢夺我的财富啊！"

旁人说："哪有那么多的贪官污吏？"

富翁回说："不肖的子孙也会倾家荡产啊！还有小偷、强盗、通货膨胀、金融风暴、经济不景气等，都可能使我的财富一夕之间化为乌有，因为财富乃五家所共有，我怎么能不穷呢？"

相反的，有一个农夫经常告诉别人，说他是全国最有钱的富翁，有人用质疑的眼光问他："你只是个庄稼汉，会有哪些财富？"

农夫说："第一，我的身体很健康，再者我有一位贤惠的妻子，还有一群孝顺的儿女，更重要的是，我每天愉快的工作,到了秋冬的时候,农产品都会有很好的收成,你说我怎么不是世上最富有的人呢?"

那人恭敬地对他说:"你不愧是一个最懂得人生之道、最具有智慧的富者。"

人要是不懂得知足,欲望就不可能被满足,只能被超越,拥有物质的同时也会拥有了牵挂与烦恼,害怕失去就愈去追求,欲望跟着来;因果循环,环环相扣,跟富翁一样,即使拥有了财富,还是得不到快乐。

佛陀在《金刚经》里想告诉我们的真相:你可以拥有一切,但你要知道实际上你根本没有拥有过什么东西,你才是真的拥有一切。就像富翁拥有了财富却不会运用,只担心它被人拿走,有等于没有;而农夫虽没能拥有钱财,但他发现真正的财富来自家人的爱及知足的心,所以他活得很自在快乐,这才是真富有。

物质上的富有,只是暂时性感官上的满足,只会让人心灵上更加空虚、不安,因有了还想要更多。唯有改邪归正，把往外求的念头、欲望终止掉，寻求内在心灵上的富足，以及珍惜身边所拥有的事物，你的内心才不再感到空虚，不再被欲望控制，你会感受到其实所拥有的不只是眼前看到的，而是全世界。

所以，智者说："知足者，身贫而心富；贪得者，身富而心贫。"你想成为身富心贫的富翁，还是身贫心富的农夫，决定在于你的一念之间。

学了佛，也要把佛忘掉

南怀瑾先生说，学佛的人，其实没什么了不起，像他经过一座小土地公庙，也会拜一下泥巴做的土地公，经过教堂也向耶稣敬礼。

普贤菩萨十大愿中，第一条就是礼敬十方诸佛。诸佛不仅仅是佛教的佛菩萨，举凡各宗教的神，在这世界的人、动物、山河大地，都是我们要爱惜、尊敬的，学会尊重他人，敬天尊地，是学佛的基本入门功夫。

然而，有人学佛学得趾高气扬，自认为看过几部佛经，会背几句偈，就很了不起，听别人把阿弥陀佛的

◎ 在当下觉醒 ◎

"阿"字念成"丫",会批评对方念错了,一定要更正念"ㄜ"才对,还笑对方没常识。

不然就把每天念佛号几万声,拜佛几百次,拿来向人炫耀自己的虔诚,为的是要让别人称赞自己,把学佛当成比赛,认为念得多、拜得多、看得多,就可抢到头香,先到达极乐世界。

这种人根本不知道,这样做只会离佛更远,执著于自己的见解、看法,产生自我优越的妄觉,怎么看别人都是不对的,心中产生比较、分别心,心怎么会清净?连最基本的功夫都没做好,怎么可以说自己是在学佛呢?

如果你到了四十岁,也是学佛的人,也该是把佛忘掉的时候了,因为佛法所要讲的,就是一个"不住相、不著相",也就是不要对任何事物有太深的执著,如果你学佛只是为了抱佛的脚,一起进入西方净土,那么,你对佛和净土的执著，就是拉你入地狱的两条锁链。

苏东坡到金山寺与佛印禅师一同打坐，苏东坡觉得身心舒悦，于是就问禅师："禅师！你看我坐的样子，怎么样？"

佛印禅师说："好庄严！像一尊佛像。"苏东坡听了非常高兴。

这时，佛印禅师接着反问苏东坡："学士！那你看我坐的姿势怎么样？"

苏东坡从来不放过嘲弄禅师的机会，马上回答："像一堆牛粪。"

佛印禅师听了也很高兴。苏东坡看到禅师被自己譬喻为牛粪，自己终于占了优势，欢喜得不得了，逢人就说："我一向都输给佛印禅师，今天我可赢了！"

这件事传到苏小妹的耳中，就问道："哥哥！你究竟怎么赢禅师的？"

◎ 在当下觉醒 ◎

苏东坡眉飞色舞、神采飞扬地将过程述说了一遍，苏小妹听了之后，正色道："哥哥！你输了！彻底地输了！佛印禅师的心中如佛菩萨，所以他看你如佛菩萨；而你的心如牛粪，所以你看他才像一堆牛粪！"

苏东坡会以牛粪心看禅师，是为了保护自己的面子，认为我是个学士，是个有名的诗人，怎可输给你，其实是他的自卑心在作祟。

一般人在介绍自己时，常用"我是……"如我是修行者、我是老师、我是父亲、我是老板等，在讲"我是"的同时，内心深处傲慢的心已慢慢升起，因此，当有人不认同自己的意见时，心中的怒气会不自觉地生起，与他人便产生对立情绪，进而引发口角，或就以拳头来解决事情。

前阵子看到一则家庭悲剧：一家卖臭豆腐的老板，晚上睡觉时间到了，就叫儿子去刷牙，叫了几遍儿子不为所动,还是待在电视机前看连续剧,那老板一气之下,跑到厨房,端起滚烫的油锅,走到儿子面前,往头上一倒,儿子当场全身烫伤,母亲看到时已来不及阻止,连忙将儿子送至医院,虽然无生命危险,但已毁了他的一生。

反观现今劝人向善的诸宗教,口口声声祈祷,请神佛保佑世界能够和平,却看不惯与自己不同的宗教信仰,信三太子的就批评信释迦牟尼佛的,信释迦牟尼佛的就批评信耶稣的,信耶稣的又批评信妈祖的,试问这个世界怎么会和平呢?

如果神佛们有灵,也一定觉得很无奈、很无辜,明明我们都是一家人,大家在天上和平相处,和乐融融,可是无知的人们,却拿我们的名义搞斗争,闹得世界不和平,却又要我们帮他们,情何以堪?

所以,佛陀在《金刚经》里劝诫世人,要无我相、人相、众生相，不执著于相，不去分别你我、宗教、地位，心中没有对立，人与人才能和平相处，世间悲剧才会有完结的一天。

同样的，学佛的人对于佛相也不能执著，不然也到不了极乐世界。

有位老先生死前的愿望是希望能够往生到极乐世界，因此在世时，他每天在佛像前，用功念佛拜佛。到往生时，佛准备来接引他，魔也知道了，就跑来跟佛说："我跟你打赌，那老先生不会跟你走。"

佛回问："他不是想去极乐世界吗，怎么可能不跟我走。"魔笑而不答。

后来佛来到老先生面前说："我来接你去极乐世界。"老先生很疑惑地回答："你不是佛，我才不要跟你走，我要等佛来接我。"佛摇摇头，就离去了。

佛走后，魔暗自偷笑："这老先生真笨，以为身发金光的才是佛,这正是我的好机会。"于是魔就身现金光,来到老先生的面前,说:"我是佛,来接引你去极乐世界。"

老先生很高兴地说:"我终于等到你来了,刚才那个人身上没发金光,假装是佛,我就知道他是假的,一定是魔来骗我的,还好没跟他走。"

因此,老先生就乖乖地跟在魔身后走,走着走着,魔的金光渐渐消失,老先生觉得很纳闷,问:"你的金光怎么消失了?"

魔露出真面目,现出丑陋的脸回过头来,老先生这才顿悟,原来这才是魔。

因此,禅宗强调"不立文字,教外别传",为的是怕后世的人,执著于文字中,字不迷人人自迷,放不下经中的文字,只在经典中打转,反而把佛法当垃圾丢弃,堕落于文字障里,爬不出来。

◎ 在当下觉醒 ◎

佛经只是后人把佛陀所说的话,转化成文字,就像爷爷说故事给孙子听,主要是为了让孙子从故事中,衍生出智慧,而不是去钻研故事中的字句,框住自己的思维,误解爷爷的意思,浪费了佛陀的唇舌。

佛像也是如此。我们要敬拜的是佛像背后代表的佛的大智慧和慈悲,而不是那尊木头或铜像,但一般人总把佛像和佛搞在一起,这个道理,恐怕只有烧掉佛像来取暖的丹霞禅师那类的人,才会懂吧!

◎ 在当下觉醒 ◎

再美的东西，也只是幻灯片

有人问一位著名的喇嘛，看到美女会有何反应？好美……但看过就算了。

没有你的感官、大脑、神经和美感意识，美就不存在。就像一个男人没有了男性荷尔蒙，再美的美女在眼前，他也感受不到美。

美是色，色即是空。美是上帝给我们的礼物，当我们还能感受到美时，要珍惜，不要压抑和批判；一旦没有感觉，也不用太贪恋勉强，一切如来如去，没有任何沾染。但也不要因为万缘是空，就去否定美和艺术，佛陀从没有教人要否定一切，美是有，也是空；是非有，也是非空。保持中观或中道的觉知状态，才能像一面镜子一样，照映美的来与去，不论世间万物有多美，都不会沾染明镜般的心。

有个故事：从前，有一个国王以音乐供养佛陀，每当他弹奏音乐时，佛陀的弟子迦叶，就会站起来跳舞，看到迦叶跳舞，国王很疑惑地问佛陀："迦叶不是已经证得阿罗汉果了吗？应该已经超越了烦恼法，怎么还执著音乐，我一弹起音乐，他就起来跳舞呢？"佛陀跟他讲："没有，其实他没有跳舞。"国王不懂佛陀的意思，但也不好再询问下去。

国王就继续弹奏，音乐声一起，迦叶又起来跳舞，国王难以掩藏心中的不解，再问佛陀："您说迦叶没跳舞，现在他又跳了！"佛陀回说："他没有跳。"国王不敢再问，默默地继续弹奏，但音乐一起，迦叶又跳了。

◎ 在当下觉醒 ◎

国王终于忍不住，开宗明义地问："您说他没跳舞，可他明明在跳舞呀！"佛陀这才跟他说明原因。

佛陀说："你在弹奏的时候，我们这山河大地有没有反应？"国王说："没有反应。"佛陀反驳说："怎么没有反应，在山崖这边大声'啊'一声，那边的山也会'啊'地反应一声，你的声波振到树木，树叶也会振动，怎么没有反应呢？自然界碰到什么相，它都会有反应。"国王恍然大悟地说："对！有反应。"

佛陀继续说："那迦叶听到你的音乐，他也反应了，你停他就停，但他并没有执著你的音乐，他只是跟十方众生一样，你起了什么缘，他就应什么缘，但他内心没有分别心，他内心坦荡荡，不会说这音乐好或不好听，他只是随着音乐，自然地起来跳舞而已。"

人在年轻时，通常会热衷于美的事物，就像迦叶听到音乐，会随之起舞。但到了四十岁，应该学着从另一

◎ 在当下觉醒 ◎

个角度来看这些现象,要从超越的角度,来欣赏另一种美,而不是年轻时的那种占有和执著。

但重点是:趁年轻应去大胆地经历一切,如果没有亲身经历,就无法在四十岁后超越这些体验,就好比没有游过泳的人,你叫他四十岁后,怎么能教人家如何游泳?

某大师说,先去经历一切,才能超越它。对于美的事物也是如此:弘一大师三十九岁时看透了美的本质,潇洒地放掉他收藏的艺术品和诗词、乐曲,因为他知道,过去他只是沉浸在精神生活的快乐中,现在他要提升到灵性生活的修炼。人生皆如此,都从对物质的眷恋,到精神生活的享受,再到灵性生活的觉醒。

千万不要逼一个小孩子或年轻人去修行,因为,他们都还没经过人生的自然阶段,就像春、夏、秋、冬递嬗一样,对于美也是如此。很多年轻人迷恋车子或模型，有些年轻人爱好艺术，不过那都只是人生的一个阶段，你可以享受美，但不要以假为真，本末倒置，颠倒梦想。

曾经看过一则报道：有位男明星为了追求物质生活的享受，他男扮女装跃上牛肉场舞台，以接秀、表演等赚取大把的钞票，买名车、豪宅、吸毒、玩女人，过着纸醉金迷、醉生梦死的生活。为赚更多钱，他曾经远走他乡，后来成为东南亚地带知名的主持人、广播人。当他人气正旺，事业达到最顶峰，竟发现自己罹患血癌。

抗癌过程成为他人生的转折点。刚开始时他自暴自弃，不肯接受事实，但经由周遭朋友、病友的劝导，他慢慢从内心接受了这一事实，与其他的病友共同抗击病魔。身旁的病友相继去世，他一个一个送他们走，直到只剩下他和另外一人。他常想，老天为何留下他？出院后，他继续做主持人工作，然而他不再只是为了赚钱，而是想唤醒曾和他一样迷失生活方向、一味贪图享乐的人，希望他们能够迷途知返；他到戒毒中心，分享自己戒毒的过程，鼓励青年朋友找回自己；之后，他也成立癌症互助协会，帮助癌症病患勇敢地面对现实走完最终的路程，并为他们送餐、按摩，乐此不疲。

他曾拥有过、享受过、失去过、痛苦过，经历了人生的四季变化，深层认识了生命的真谛。他感念过去，若未曾体验这过程，可能他也不会发觉，人生可以如此多姿多彩。

形体上的美如同幻灯片，如果没有电、灯泡和银幕，即无法显现一切，它就只是张图像，没有任何意义。

有句经典的广告台词——认真的女人最美，美不在于长得美、体态的美，而是出自为实现目标的那份心念，散发出那股专注、精神之美。

到了不惑之年，追寻的不再是外相肤浅的美，已看四十年了，要看腻了、烦了，应该进一步在行住坐卧中感受生活之美。不管看到美的、丑的、好的、坏的，能以平常心对待，不以物喜，不以己悲，从欣赏的角度去看待周遭的事物，让自己内心找回平静和满足，进而在灵性生活上提升自己的生命境界。

美，不只是一种艺术，也是一种感受，当你心中有了美的感动，放眼望去，自然无处不是美。

◎ 在当下觉醒 ◎

别歧视或忽略黑暗的力量

很多人活了一把年纪,还以为自己是在读幼儿园,坚信只要合法有理,就可以安心过日子,走遍天下毫发无伤。

事实上,如果你看尽人性的黑暗面,看透人情冷暖的现实面,你应该在四十岁以前觉醒,承认每个人的一生,有一半以上的时间,是受潜意识下层的黑暗力量控制的。

表面上,大家都知道决定成败的一些要素,如努力、智慧、策略和谨慎,事实上,决定成败真正的关键因素,是潜藏在人心阴影中的欲望。

◎ 在当下觉醒 ◎

我来说个真实案例：某位中年男子开车到银行取钱，银行前面划着红线，但他看大家的车都停在红线上，他也就照做了，心想取个钱花不了多少时间，应该不会有事。

事实上，他取钱的时间确实也只有几分钟，但出来时看见一位警员正在抄他的车牌号码开单，他觉得委屈，向警员抱怨说："别这样嘛！大家都这样停，怎么只开我红单？"

警员一副大义凛然的模样，口气强硬地说："违规就是违规，这是事实，没有什么好说的。"

中年男子见情势不妙，换了口气说："长官！大家都来这取钱，我也才进去几分钟，给个机会吧！下次我就不敢了！帮个忙吧！"

警员这时没那么严肃了，但却不屑地笑着说："不是我不给你面子，你看这里是红线，这是法律规定的，不是我去划的，你停在这里，万一对其他过路人造成不方便和损害，你良心过得去吗？"

很显然的是，平时中年男子路过这里时，看见一堆车违规停在银行门口，甚至还并排，也不见得他来维护过路人的权益，顿时让中年男子从胃里涌上来一股秽气，气得说不出话来，只挥了挥手，说声："算了！我自认倒霉！"

过了几天，中年男子不敢再开车来银行办事，遂向朋友借了辆单车，办完事走出银行时，他看见那位大义凛然的警员，正在和一位穿着短裙、露出雪白长腿的漂亮女子寒暄，警民互相联络感情本来是很平常的事，但接下来的画面，让中年男子日后差点得了忧郁症。

漂亮女子和警员结束谈话，娇气地说了声拜拜后，钻进了一辆违规停在银行门口的轿车内，但警员装作没有看见地上的红线，没有发现这辆车违规停放有可能给其他过路人造成不便和损害，警员一脸笑意地看着漂亮女子，而那名女子在没有被开任何罚单的情况下，就把车开走了。

中年男子为何会被开红单，再清楚不过了，因为，他没有付出或拥有那位警员所要的潜在利益，因此无法影响他潜藏在心底深处的暗流驱力，这个驱力，也就是在阳光和法律底下看不见的东西：欲望。因此，警员在得不到任何利益的情况下，才会运用现实世界赋予他的权力：打官腔，说官话，依"法"办事，不讲任何人情。

然而，一旦警员遇到身材曼妙的漂亮女子，他心底的某些欲望或期待被满足了，也表示他得到了某些潜在利益，他依"法"办事的这个"法"，就会掺入很多个人的主观意识，他的执法尺度也会有了弹性，一样是用尺去量一公分，但因为热胀冷缩或视觉上、角度上的不同，我们的社会是容许一些误差在里面的，而这些误差值，就是这位警员自由心证的空间。

严格来讲，中年男子违规是事实，警员开单是合法的，而漂亮女子违规停车在红线上也是事实，但为了便民、不扰民，在合理范围内，只是劝导不开单，也是合乎规定及情理的，因此，这位警员没有任何把柄在中年男子手上，他都是依法行事，站得住脚。

故事的结尾是：警员笑着目送女子开车离去后，回头看见那位被开单的中年男子，正在怒目瞪着他，但他不理中年男子，中年男子也只能瞪瞪他，无可奈何。

这个故事要表达的是，推动这个世界运作的，表面上是法律和制度，但真正的力量，却是人生，是潜藏在人们心底深处的一股暗流，这股暗流就是来自原始驱力的欲望。

法律的前身是暴力，是为了谋得某种利益或满足某种欲望的依据，但这个暴力一旦被法治化或抽象化，表面上是属于制度和全民的，但事实上，又可以成为某些少数人满足欲望的工具。这个时候，人与人之间的关系，在本质上，也就是说，在人性状态，仍然处在古代那种必须依靠暗流法则阶段。

人性和欲望是活的,这也是为何法律永远无法完全掌控人的行为,因为,法永远是有误差值的,人是活的……不管时代多进步,别忘了,欲望才是决定成败祸福的关键。

如果你能洞悉某个人的需求,又能满足他的欲望,这个满足他欲望的临界点,就是购买他的欲望的价格。

每个人都是可以收买的,有人会执意在表面上和你打官腔、说官话,这表示你不懂他的行情,你没有出价,或是你出的价太低。

主宰一个人意志的,不是理性和道德,而是潜意识中的欲望,而你付出的东西,不一定是钱,只要是对他有利或是满足他渴求的东西,都可以是购买欲望的货币。

曾经有位影视名人酒后驾车,遇到警察临检被查获,这位影视名人平时和警界高层素有往来,自认这位负责临检的小警员应该买他的账，让他有个弹性空间可以迂回地处理这件违法事实；或许是酒后性情失控，他动手动脚地要小警员不要小题大做，结果这位小警员不买账，通知媒体把影视名人的违法事实抖了出来，各方有力人士碍于公众议论，没有出来关照，结果他被依法处理，失了面子，也损了"里子"。

这个案子如果从暗流法则的角度来分析，可以说是这位名人的大意，错估形势，人家虽然官小，也可以拒绝他，让他碰钉子。

事实上，任何人都是可以被收买的，只是付出的不一定是钱。

名人或明星偶有小违规被警方查获，自古以来不是新闻，而且有不少案子都是私下处理，当然这个"法"的尺度，在现场警员的心里多多少少都有调整的弹性，就像一把尺，热胀冷缩，再怎么也可以挤出一些空间。

过去也有很多名人，在路上违规时，碰上是自己影迷或歌迷的警员，通常情况下，警员很乐意依"法"处理，名人也尽量大事化小，但前提是这位名人懂得人性，懂得用低姿态和友善态度来"买"警员潜意识中的"需求"，只要是人，其黑暗需求和欲望在一定程度被满足后，必然会做符合自己主观认同的行为，也就是他会修正原来那个"法"的尺度和执行力度，而这种购买欲望的交易，没有牵涉到金钱或实质物品，而是用人们看不见的东西，在台面底下完成。

话说回来，前面那位酒后驾车而被小警员惩治了的影视名人，就是用错了筹码，付出了不是对方所需要的东西，而影视名人又自以为已经付了账，结果人家还是不让他买单。

这种暗流法则中的价值落差，很少有人会彻悟，原来真正决定命运或祸福的，是潜藏在人性深处的暗流法则。

每个人都有欲望，因此每个人都有弱点和死穴，只是每个人要的东西不同,要的价码也高低不一。通常,比较有身份地位、或是在文明社会中拥有相当资产的人,出卖欲望的价格要高。

所谓的拥有文明资产,指的不一定是钱,而是在文明社会中,被认同或被承认的地位、名声和角色或权力,例如执法人员的操守,由于他付出了时间心力,才得到执法人员这个角色,这个角色就是他投资在文明社会的资产,你要买到他的欲望,有可能让他失去这个角色,因此你付的价格就必须比较高。

又例如,某位政治人物或民意代表,他的地位和角色也是投入大量资源才获取的,如果你要他冒着失去一切的风险,把欲望卖给你,那么你就必须付出相等的代价。

因此,付对东西,付足额度,才能买到人家潜意识中的欲望,才能驱动阴影中的惊人能量,让一个有地位的人铤而走险,让一个有权力的人甘于冒着失去权力的风险，做出违反文明制度，但符合暗流法则的事。

史上靠贪污而富可敌国的权臣，当属明朝的刘瑾和清朝的和珅。据文献记载，明武宗时刘瑾被处死前，光是从他家中抄出的黄金，就高达三千多公斤，其他的珍奇宝物和资产更是不用说了，数量多得惊人；而清朝的和珅后来被查扣的白银，竟然高达二亿多两。

这两位私人财产比当时皇帝还多的权臣，说穿了，也是最懂得购买人心欲望的高手。然而，他们付的不是白银或黄金，而是关说、官位和无形利益，换来的却是白花花的银子和沉甸甸的黄金。

相反的，游走官场的成功商人，却是最懂得用银子来买那些潜藏在阴影中的人性欲望的高手。清朝胡雪岩就是高手之一，其他还有更多隐藏的高手，不为世人所知。而他们的共同特点就是：他们都深知，要操弄人性，就必须直攻那些在人性层面底下的暗流——欲望。这些高手不是心理学家，却都能精准地攻下每个人的死穴，有些官爱钱，有些官爱名，有些官什么都不爱，就是爱女人。

因此，纵观历史中的成功事例，不论是在沙场、宫廷或官场上，那些伟大计划之所以得以施行，那些内神通外鬼的阴谋之所以可以得逞，那些别人不敢相信的买卖之所以可以成交，靠的绝不是体制上的律法和道德良知，而是那些潜藏在人心底层深处汹涌翻滚的暗流势力。

谁搞懂了这套暗流运作的游戏规则，谁就拥有了操弄暗流走势的权力，谁拥有了操弄暗流的权力，谁就拥有了掌控人性的力量。

金钱，是购买人心欲望的世间最普遍物，几乎人们所有的欲望，都可以用钱来直接满足。其他的如名声、感情和信任等，这些精神上的需求，也几乎都可以用钱来间接购买。事实上，人世间没有买不到的东西，只有价格高低的问题。

然而，金钱却不是人性黑暗面中的暗流交易里唯一的货币；金钱本身在某些时候，也成为欲望的替代物，也就是说，钱虽然可以买到很多人的心，但我们用什么来买"钱"这个欲望呢？答案是暴力和权力。

自古以来，朝代的更替或盛世的出现，都靠暴力和权力这两种东西，事实上，这二物本为同源，都是运用强势武力得到掌控众人意志的优势，只是权力是间接的暴力，是经文明体制包装过的暴力。

古代盗匪用暴力掠夺百姓财产，军人用暴力夺取政权，进而掌控天下有形和无形资源，其实，两者都是用暴力和权力取得利益和财物。

随着时代进步，在民主法治体制中，暴力演变成法律，而权力进化成政权，这意思是说，不管时代多进步，文明多有水平，我们始终活在暴力——金钱——利益——欲望——暴力的暗流法则中，这些暗流中的各种力量，不停地互相转换，相生相连。

◎ 在当下觉醒 ◎

在古代，拥有原始暴力的人，就是社会资源的拥有者，现代则是拥有"变形暴力"——知识、法律、智慧的人，拥有一切。

科技是进步了，生活质量也提升了许多，但我们不要活在错觉中，在看不见的海平面下，暗流法则的游戏规则和运作方式，仍然没有变，因为人性中的阴影面，仍然统治着我们，如果你忽略这个力量，也等于是活在自己的另一种幻觉里，完全不了解现实世界及现实人性的真相。

别妄想全世界的人都喜欢你

不得罪人是不可能的,佛陀这样的圣者也有敌人。活着,就不要太在意别人的批评,因为,你再用心对待别人、心怀慈悲,也无法尽如人意。在说话时,牙齿都会咬到舌头,自己的口舌都难以控制,更何况是长在别人身上的嘴。

佛陀教世人要"观自在",只要观看自己,认识自己,就能够活得自在,但我们的眼睛、耳朵就是不听话,爱追寻外界的讯息,尤其是别人对自己的评论,更为注意,更为警觉,听到一小段话,自己就对号入座,以为别人在议论自己,心里便七上八下的,整天过得不

◎ 在当下觉醒 ◎

自在，结果别人只是在谈论他家的狗，原来是自己太神经质了。

日本有位白隐禅师，他的崇高修为，被邻居们尊奉为过着纯洁生活的人。

有位女孩未婚怀孕，她父母知道了非常生气，严厉逼问女孩，对方是谁？

女孩先是不肯说，后来实在躲不过去了，说出了白隐禅师的名字。

她的父母听后勃然大怒，于是气冲冲地去找白隐禅师算账，白隐禅师听完后，只说了一句："哦！是这样吗？"

……

孩子出生以后，就被送到白隐禅师那里照顾。

此时白隐禅师已经名誉扫地，然而他并未因此受到影响，默默忍受着他人的白眼与非议，准备好孩子所需的一切用品，细心照料这个幼小的生命。

一年以后，年轻的妈妈实在忍受不了良心的谴责，终于将实情告诉了她的父母，孩子真正的生父是外村的一个年轻人。她的父母得知真相后大吃一惊，立即去找白隐禅师，向他表示深深的歉意，诚恳地请求他的宽恕，并将孩子领回。

白隐禅师把孩子送还给他们时，只轻轻地说了一句："哦！是这样吗？"

白隐禅师心中不起任何瞋恨、不平，因其心中没有感到"我"被冤枉，问题来了，只是顺势接下手来，把它处理好；问题走了，则放手让它离开。因禅师不受外在事物叨扰，所以才能过着身心自在的修行生活。

我有一位朋友，个性温和，不爱跟人计较，和同事相处得也很融洽。有一天下班，他发现自己的车子被人刮得惨不忍睹，左思右想自己得罪谁了，但却不得其解。问同事，同事替他抱屈，还扬言若找到那个人，必定要好好地修理他。我朋友只好自认倒霉，花了几万块，把车子重

◎ 在当下觉醒 ◎

烤漆。过了一个月,他准备下班回家时,竟有位同事跑来告诉我朋友,车子是他刮伤的,他原本是想要报复另外一个人,结果认错车,造成一场误会,并愿意赔偿损失,希望帮他保守这个秘密。我那朋友看他诚心道歉,也当做没这回事,大家还是和睦相处。

在这世间,你不犯人,他人却会主动跑来找你算账,平白无故被人陷害,冠上莫名其妙的罪名,让你身处窘境;或是努力了大半辈子却不得志,其实这些事情不是空穴来风,事出必有因。

汉朝的李广才气过人,胳膊长,善射箭。景帝即位时,提升为将军,曾经与匈奴交战七十多次,每次制敌机先,匈奴称他为"飞将军"。武帝在位时,曾派李广镇守右北平,匈奴听说李广来了,感到非常畏惧而相率逃避,多年不敢侵入境内。

然而李广一生命运不济,他的部吏得机会封侯者不少,但他却始终不得侯爵。他曾询问相命专家王朔:"难道我的相貌不配封侯吗？或是命中注定不该受爵？"王朔说："将军自当省察，平生是否做过愧对良心的恨事？"

李广说："过去我镇守陇西时，羌人造反，我曾使用诈术，诱羌兵八百多人投降，加以坑杀，至今追悔不及，感到终身饮恨。"

王朔说："最大的罪咎，莫过于使用诈术，最大的灾祸，莫过于杀害已降，这就是将军平生不得封侯的原因。"最后，李广死于非命。

想起一位朋友的故事：他是位检察官，为人正直清廉。年轻时很喜欢钓鱼，一有空闲，就找朋友出海钓鱼。他身上有种怪病，晚上只要躺下来睡觉时，背脊就会感觉一阵阵酸麻，到医院去检查，却查不出原因，这种病伴随他三十几年，让他无法好好安眠。

快到退休年龄的他，最近却莫名扯上贪污案，被人做假证，陷害入狱。还好他修行有为，去狱里看他时，他也不起怨恨心，还告诉我，这样也不错，可以趁机休息，过过不一样的生活。因他办案经验丰富，其他的检察官遇到问题都来请教他，遂成为他们的顾问，这也正好可将经验传承给下一代。

就这样无辜坐了三个月的牢，事情终于水落石出，最后无罪释放。从狱中出来后，他每晚都可以一觉睡到天亮，背脊不再感到酸麻，反将把宿病给治好了。

之后他想起过去爱钓鱼，喜欢鱼被钓起来的快感，因而投射到他的背脊上，让他受此痛苦，这次被人冤枉入狱，正是让他还清业报的机会。

因此，别妄想全世界的人都喜欢你，因你不知道在哪个时空里，得罪、伤害了人，而不自知，不自觉，只是时机到了，对方以牙还牙而已。当遇到冤屈、不平、毁谤时，不要感到痛苦、难过，把它看做是在帮你消业障。前世欠债，今生来还，还完了，账清干净了，你和他人的恩怨才能结清，下辈子才不会继续再来纠缠。

遇到逆境时要心存感谢，它的出现可以让你重新认识自己，你才有机会还清过去世中，欠人的因缘果报。因我们的智慧不够，只能知道此世所做之事，不了解前世自己做过什么，唯有它们来找你时，才有机会看到过去的我。

既然我们无法知道自身果报，到底欠了多少债没还，债主还会不会上门讨债，何不多学学弥勒菩萨的"大肚能容天下事，笑开天下古今愁"，逍遥自在过完这一生。

太迷恋某样东西，没有对错

你愈心爱的东西，愈要耗费你的生命和各种资源来获得。看人家开豪华名车，别忘了养车也要一笔大花费；看人家结交了个模特儿般的美女，别忘了，美女洗头、SPA 护肤、擦胶原蛋白和吃宫廷养生美食，再去买名牌衣服与包包，可能就要花掉你一年的薪水。

太迷恋、太贪爱某样东西或某一个人，不是明智的事，等于是慢性自杀。其实，你迷的只是自己内心投射出来的幻象，它根本不存在，当被你投射的人或东西，无法按你所期待的来配合演出时，你就会崩溃，然后再去找下一个被投射的对象。

◎ 在当下觉醒 ◎

俗话说："色不迷人，人自迷。"很多帅哥自己不觉得帅，但有些女人会自己对号入座，帮帅哥编造他的家世背景和生活习惯，甚至认定帅哥一定都有很多女朋友或追求者，然后只要求帅哥把自己排在第几名即可。说来可笑又荒谬，这世间每个人，都在和自己的头脑玩游戏，都在追求头脑创造出来的梦，不惜成本，甚至床头金尽、一无所有也在所不惜。

其实，会迷恋某个人或某件事，从整个人生的角度来看，也不见得是坏事，除非你死到临头仍然执迷不悟，否则，很多人都会从自己的幻觉中醒来，可能是期待落空，例如：被人骗钱或被人欺骗感情……幻灭后的痛苦，把他拉回现实，他才真正体验到什么是空，什么是自己头脑创造出来的幻觉。

在社会上能够奉献自己，拥有大爱精神的人，在背后总是有一段不为人知的过去，因痛过才会有勇气和毅力从幻觉中觉醒。例如有些中年妇女，不幸遭遇到家变，经历丈夫背叛、失去小孩的痛苦，才让她们重新思考自己的人生，有些人去当义工，有些人省吃俭用，把省下的钱用来帮助孤儿院的孤儿等等。

因此，真正觉醒，领悟了佛陀所说的"色不异空"，这也是一件好事。尤其到了四十岁，该迷恋的，应该都迷恋过了，如果年过四十还没做过荒唐事或追求过梦想，最好要赶快让自己去迷恋你最想要做的事，否则，到了中老年才忽然间跌入自己的幻觉深渊中，反而会无法自拔，一蹶不振。

有个朋友，四十岁后才接触到风月场所，结果从此跌入这个深渊，妻儿不要了，把房子也卖了，十几年来每天泡在夜店或舞厅里，他说，唯有这样他才感觉自己是活着的。

这没有对错，也不要用道德来批判他，他内在想做梦的能量如此强，不妨就让他去全心投入地做这场梦。总有一天，他会看透一切都只是他头脑投射出来的虚幻场景和情节；总有一天，他会醒悟，不再迷恋这个梦。

我曾搭乘一位中年帅哥的车，他以前是个小开，他说自己之所以会沦落到以开出租车为生，是因为他贤淑顾家的老婆，有一天被朋友带去夜店庆生，从此，她就每天精心打扮，夜夜泡在PUB或舞厅里，把家产花光光，孩子也不照顾。他为了孩子，只好白天打工，晚上出来开出租车，到现在还不懂为何老婆会忽然变了一个人。

还曾听过一位失业的男子，落魄到没有房子住，幸好遇到善心人士救济，让他有屋子可以栖身。后来他找到工作，也成了家。他感激善心人士的帮助，让他能够重新做人，所以，他也发挥人溺己溺的精神，来报答这份恩情。只要听到哪里需要帮忙，他二话不说，定尽全力帮助。但是，他没有衡量自己的能力，只顾着他人的需要，妻子和小孩在家里常常饿肚子，他却视若无睹，还劝妻子说，救人比较重要。某天，小孩发高烧了，需要钱看医生，但他却拿那笔医药费去捐献，害得小孩无法就医，差点引发肺炎。他的妻子忍受不了他的行为，带着小孩离他而去，他也不为所动。邻居看到他这种行为，都骂他是个傻子，他却发誓要做个快乐的善心傻子。

迷恋背后的动力，来自个人的业力和执著。如同之前或上辈子刷了卡，这辈子要来付账及利息一样。如果有人真的迷恋一件事或人，怎么劝也劝不了，不如就让他去体验吧！这也是修行之一。

有位尼姑，求悟心切，特地造了一尊镶金的漂亮佛像随身带着，不管走到哪里，她都带着佛像，以方便膜拜。

后来，她落脚于乡下的一座小庙，庙里的佛像好多，各有一个龛子供着。这位尼姑原本可将她的那尊佛像也安置在一个龛子里就行了，不过，因她迷恋自己的佛像，不愿意她的香火泽及其他的佛像，只愿在自己的金佛前烧香。

但是,烟是会四处飘散的,不可能只环绕在她的佛像四周,于是她就千方百计的设计了一个漏斗形烟囱,让香火只飘向她的金佛。这下子问题解决了,她安安心心地每天拜她的佛。

没过多久,金佛的鼻子被烟熏黑了,原来美丽的佛像,变成黑鼻子佛像,成了其他人的笑柄。

于是她去请教老和尚要如何解决这个问题,老和尚笑着说:"所有的佛像都一样,它们代表是同一个人,是你太迷恋自己的佛像,佛像趁机教化你,迷恋会让你受到污染。现在你只要把佛像送到金匠那里去磨光,但从今以后,你只要惦记着佛,不论香火会飘向哪尊佛像,你应该要为此高兴,因为每一尊佛像都代表同一个人。"女尼当下领悟,从此不再为佛像而苦恼了。

迷恋某个东西,没有对错,只是你是否有觉知自己在迷恋的东西,最怕的是,没有知觉,像失去了味觉,

◎ 在当下觉醒 ◎

吃不出酸甜苦辣的味道，找不到源头，无法寻根断念，这才令人担忧。

时间到了，缘到了，你会有觉醒的机会，只是机会来了，到府上敲你的门时，你是不是能够把握住，适时打开心门，转迷成悟，就要看你的造化了。

◎ 在当下觉醒 ◎

第三篇

真正的觉醒,
　　并非让自己一无所有

快乐、痛苦都要放下

很多人都以为只要忘掉痛苦,记住快乐,人生就可以幸福,但现实人生却是相反的,很多人容易忘掉快乐的事,痛苦的事却一辈子忘不了。

禅师常叫人要"放下",这个"放下",就是不要卡在心里,干扰你的身心和生活,有快乐的事过去了就要放下;同样的,有痛苦的事过去了也要放下。放下这两个字只要能参透,就能离苦自在。然而,一般人都没有智慧去想透,我们所谓的快乐和痛苦是一体两面的,一个手心一个手背,你无法只要快乐不要痛苦,他们永远是买一送一,只要你起心动念想要有快乐,痛苦就会在你心底准备好上场。同样的道理，有痛苦，也会有快乐，因此，顺境时不需要太得意忘形，逆境时也没有必要逼死自己。

任何事放不下，就是心有所住，有罣碍，有干扰，你就无法看见真正的自己，更无法看清很多事情的真面目。

快乐与痛苦即是一体两面，能放下快乐的，应该也可以放下痛苦。年过四十，千万不要再像很多小朋友一样，吃饭只挑爱吃的，讨厌的菜就丢到桌子底下。只图享乐而不要痛苦，那么，年纪愈大，痛苦就愈多，愈无法解脱。

我常觉得人是种自虐的动物，我们常常拿痛苦的针刺自己，不然就拿利刃砍自己，让自己过得痛苦，不自在。例如，有些人喜欢去游乐场玩，因为有些项目比较刺激，坐上去还没启动，就开始尖叫，叫到游戏结束，马上跑到厕所去呕吐；然而吓哭了，吐完了，眼泪擦干了，朋友一邀，还是继续玩。

　　年仅六岁的小侄女曾经告诉我，她会失眠，晚上会睡不着觉，原因是白天妈妈骂她，说她不听话——没有把菜吃完，晚上睡觉前就会回想白天妈妈骂她的话，让她难过得睡不着。

　　另外，有位已经八十多岁的老邻居，我在和她聊天时谈话的内容不小心让她回想起小时候被人骂过的一句话，她竟然还是会难过得掉下泪来。

　　人不管年纪多大，不管他经历过多少的风风雨雨，在心中还是很难忘怀曾经被伤害过的那个感觉，只要想到就会痛不想放掉它。可是人虽然都渴求过好日子，却很少有人真正把快乐的事物放在心里面。

　　一般人的想法，活着就是要享受人生，过得快乐被视为理所当然，因此，快乐不被人记住。反倒是痛的、苦的事，认为是人生不该有的、不想要的事，愈想排斥它、避开它，相对的，对它的敏感度也就加强，而使得让你在乎痛苦的程度胜过于快乐，才会让痛苦占满你的记忆。

你愈想要逃避的事情，愈是会出现在你面前。当你在等公交车时，常会有这样的感觉：我想搭乘的公交车班次怎么这么少，而其他我不想搭的公交车，班次怎么那么多。可是，当你下次改搭另一路公交车时，又会觉得怎么这线的公交车班次这么少。

有个朋友，他本身很不喜欢动脑筋写东西，所以，他总是找不需动脑筋的工作，可是很奇怪，虽然他分内工作不需要动脑筋，却老是被老板叫去写企划案，于是他索性辞职不做。但是下个工作，情况也是一样，他再次选择逃避，辞职不做。找到第三个工作时，我就劝他，若这次又要你写东西，你就先试着写写看，不要逃避。果真，他又面临写的难关，但这次他听了我的建议，决定不再逃避。后来他很高兴地跟我说，原来写东西并没想象的那么难。

◎ 在当下觉醒 ◎

所以，面临困境时，只要你愿意去面对，先试着承受并用心体验它带来的痛苦，你才会享受到放下它时的快乐；若你不面对，嫌它重不提它，那你就错失一次快乐的机会。

有些人很喜欢出国旅游，离开了这片土地，似乎就可以忘却一切，放下在台湾的快乐、悲伤。那时的你，因放下了所有的一切事务，心境会感觉到特别舒服，这就是所谓放下的境界。但这只是暂时的放下，等到你回国时，手机又响了，又要面对以及处理一切你讨厌的事，你的情绪又开始波动，烦躁的心又回来了。

因此，出国旅游只是转换心情的一种方式，不要把它当成是可以解除痛苦烦恼的特效药，不然你的药瘾会愈来愈大，将来只好躲到月球去。

人之所以会觉得苦，是因为活在别人的期待中，我们的眼睛、耳朵就像狗仔队，随时随地去捕捉别人的话语，只要一听到，脑中自动产生画面，好的方面就高兴，坏的方面就伤心、难过。岂知，你所看到、听到的事物，只是个假合的状态，就像你现在会看到这篇文章，你必须踏出家门，走进书店，看到这本书的封面、书名引起你的兴趣，你拿起来翻读，才会看到现在的文字，引发你的观感。

所以，我们所遇到的境界，只是因缘聚合而成的，但我们却把它当成真的，存放在心里面，一有相的产生，就难以去除掉。然而，所谓的放下，就像我们挂在墙壁上的拼图，一块一块慢慢把它拿下，把过去曾经在我们脑中所产生的"相"，一件一件试着忘掉，把拼图拆了，把"相"拿掉了，我们才能看见原本干净的墙壁、原来的你，不然我们只是一味地看到别人眼中的自己。

说"放下"两字很轻松，要确实做到是需要花费时间的，就像要拆掉你辛苦组合成的拼图，是很挣扎的，但你必须要提起勇气去做，你才能拥有新的空间。

当我们遇到或再次想起好与不好的事项时，你先不

◎ 在当下觉醒 ◎

要急着去反应它,应先去观察它,找到它为何会让你有情绪波动,是因为他的话、眼神,还是其他……再进一步了解为何自己会这么在意。告诉自己多练习几次、多拆几次,渐渐地,你脑中的"相",会被你一一拿掉,在你观察它的同时,也放下了它。

有一次,一位信徒前去拜访赵州禅师,因为没有准备礼品,所以非常歉意地说:"我空手而来!"

赵州禅师望着信徒,说:"既是空手而来,那就请放下来吧!"

信徒不解,反问:"我没有带礼品来,你要我放下什么呢?"

赵州禅师随即说道:"既然没有东西放下来,你就带着回去好了。"

信徒更加迷惑:"我什么都没有,带什么回去呢?"

"就带那个什么都没有的东西回去。"赵州禅师答。

信徒满腹狐疑,自语道:"没有的东西怎么带回去呢?"

赵州禅师这时才开示道:"你不缺少的东西,就是你没有的东西;你没有的东西,就是你不缺少的东西。"

当我们对着镜子端详自己的脸时,可以看到我们的脸上是个"苦"字,我们是为吃苦而来;当你认清了这点,把吃苦当做是理所当然,把享乐当成可遇不可求的事,离苦得乐的境界将常存你心中。

每分每秒，每个人都在变身

每个人都以为自己不会变，其实，暂且不论思考逻辑，光是你身上的细胞，你体内的血，就无时无刻不在损耗、更新，只是这一天一天的渐进历程轻易不能被发现，只有在一段时间后回首，才知道变得那么多、那么快。

当你看自己小时候的照片时，发现一定和你现在不同，相貌、气质都变了，你之所以知道这是"我"，只是因为你的自我意识牢牢捉着这躯壳。看得见的皮囊会变，更何况是看不见也摸不到的思绪？

◎ 在当下觉醒 ◎

变，是世间常态，人们却总是试着说服自己不会变，海誓山盟不会变、天长地久不会变、一生一世更不会变，可是只要你相信了，就等着血本无归吧。

佛典故事中有这么一段：

年关将至，在外云游行脚的佛光禅师终于回到弟子平遂住的北海道场过年。

禅师来到寺前，只见寺内一片漆黑，敲门也没人回应，他想，平遂应该是外出了，只好盘腿禅坐于寺前等候。

等了好长一段时间，外边天寒地冻的，同行的侍者受不了了，开始在寺院四周察看，终于发现有一扇窗户没上锁。于是侍者连忙爬窗入寺，开门请禅师入寺。

佛光禅师入寺之后，转身交代侍者："把所有的门窗都反锁起来。"

又过了一段时间，平遂终于回到了寺中，他掏出钥匙，试了又试，就是没办法把门打开。平遂纳闷地摸摸头，自言自语：

"真奇怪，这钥匙明明没错，怎么打不开门？难道是这锁太久没开，所以生锈打不开？"

他不死心地再扭了扭钥匙，门依然关得紧紧的。平遂不得已，只好从厕所边的小窗子破窗而入。

哪知头才刚刚伸入室内，黑暗中突然传来一声低沉浑厚的声音："你是什么人？爬窗做什么？"

平遂吓了一跳，跌坐在地上，心下犯疑：莫非自己走错人家？还是寺内闯入了小偷？

倒是佛光禅师唯恐平遂过度惊吓，命侍者赶快开门，把平遂带了进来。

平遂一看是师父回来了，赶忙上前说："师父！刚才弟子真的被吓坏了，师父那一声轻喝，如同狮子吼，让弟子真不知道谁是主，谁是客了。"

◎ 在当下觉醒 ◎

平遂的宾主互易,其实说的是他压根不知道"我"是谁了。明明自己是寺主,被禅师轻轻一问,顿然有反主为宾的感觉。

平常执著的自我意识,竟然能这么轻易、这么不知不觉地改变了,难道你还要自欺欺人,说什么不会变的蠢话吗?

有位企业家的女儿,在读书时结识了一个穷小子,他们决定结婚,却遭到双方父母的反对,女方家长理由不难理解,这小子太穷了,配不上自家女儿;男方家长则因为这女孩是个千金大小姐,他们不想要一个需要别人服侍的媳妇。

但是,最后他们还是结婚了,因为他们不时地上演一哭二闹三上吊的把戏,说什么没有对方就活不下去,双方家长没办法,只好让他们结婚。

没想到结婚不到一年,两人竟然离婚了。

男的说,女生结婚就变了,一点也不像谈恋爱时那样温柔、体贴,不时会送点小礼物给他。

女的也说男生变得太多,居然要她扫地、拖地、倒垃圾!明明知道她不会煮饭做菜,还要她料理三餐,一点都不像结婚前说的,会好好照顾她。

这些当然都不是离异的主因,最大的因素是男方劈腿,认识了另一个女孩;女方也劈腿,找上了一名企业小开。他们对彼此的失望,转向别的地方寻求寄托。

那么,一开始的哭闹是什么?只是没有看透的妄想,双方都以为可以把自己的感情和灵魂寄托在对方身上,却不知道,人天天都在变,每个人都是随风飘摇的沙人,你连自己的思虑都掌握不住,又怎能希望对方永远不变?

他们刚开始都以为对方是自己的寄托,事实上,在各自的潜意识里,早就知道这是不妥当的,于是显得更

◎ 在当下觉醒 ◎

为焦虑、烦躁，对方一个错误，就会启动整个除错程序，把对方抹杀，连带抹杀了自己。等到伤心透顶了，才会在风中试图找回自己被吹散的灵魂。

把自己寄托给另一个人，就像把房子建在流沙上，可以想见，如果他们不学着看清这一点，即使花一辈子时间去寻寻觅觅，也只是让自己一次又一次地陷入流沙之中。

有一位出租车司机，每天都顺着同一条路线载客，这样的路线，没有意外的话经常会碰上几位熟客，其中有个客人问他："你明明每天走同一条路，我最近却老是拦不到你？"

出租车司机说："在你看起来，我每天是走同一条路，其实，出发的时间不同，接到的客人也不相同，目的地更不相同，虽然我的出发地一样，目的地也一样，其间的过程却往往天差地别。"

◎ 在当下觉醒 ◎

人和人的关系,就如同这个乘客和出租车司机一般,一分钟之差,之间的距离就差好多。如果有人硬是执迷不悟,要把自己寄托在除了这一分钟存在、其他时间均未知的人身上,那么苦的就只是自己,佛祖下凡也不能让他脱离这个苦。

◎ 在当下觉醒 ◎

人与人的关系，和天气一样不稳定

我一直相信，有时朋友和钱就像是鱼与熊掌，无法兼得。

如果朋友间没有金钱往来或纠葛，友情是存在的；但朋友间只要一扯到钱，不管你借不借，或要不要向人家借，最后都会失去朋友。

有位富商热情、大方，天生爱交朋友。

有一次，他的好朋友做生意失败，向他借了一百万，即使他表明不要对方还，只要大家仍像以前一样聚会聊天、打球就好了。但是，他那位朋友自此再也没有和他联络，因为，朋友总怕他不知什么时候会忽然想起来讨这笔债。

这位爱交朋友的富商感叹说，他知道当初如不借钱给朋友，这个朋友铁定散了，想不到钱借出去，还是留不住人。

某位大企业家有句名言："人聚则财散，财聚则人散。"

其实，交朋友需要缘分，然而，如果你能仔细去分析这个缘分，你会发现它和天气一样，你永远不知何时下雨、何时放晴。

不幸的是，很多人都想不通这个事实，总是执著、贪恋人与人之间的关系，殊不知，如果缘尽，即使是恩人也会变仇人，再亲的人如有利益冲突，也会想办法让你在人间蒸发。尤其，自从出现寿险保单后，谋害亲人诈领保险金的案件也层出不穷。

今天是朋友明天可能是仇人，人与人的关系是不稳定的，只要有利害冲突、彼此的想法或需求改变，原有的关系就会生变。

因此千万别妄想，人生有一辈子不变的朋友或支持者，人生中没有永远的敌人，也不会有永远的朋友。

谣言是动摇人我关系最强的杀手，"曾参杀人"的故事大家都知道，连天底下最珍贵的亲情，也挡不住谣言的唆使，让母亲怀疑起最信任的儿子，使母子间生出间隙，何况是一般人；在面对利益冲突、意见分歧时，人们很难为保持良好的关系，而替对方着想。

人与人是用感情来维持彼此间关系的，如亲子间的亲情、男女间的爱情、兄弟姐妹间的手足之情、朋友间的友情等，感情是人生存的原动力，没有了它，人就像具活死尸在马路上行走。但感情跟着我们的念头走，只要念头变了，感情就跟着转向，关系也就变质了。

有位朋友曾经被亲人伤害过，让她日后与人相处

时,总是保持距离,别人问起原因,她总是眼眶中噙着泪水,伤心地说出那段不愉快的过去:

"从小我姑姑就很疼我,我们之间没有辈分上的差别,彼此就像朋友,无话不谈,有时与妈妈闹脾气或沟通不了时,都是由姑姑从中调解。姑姑心地很好,跟每个人都相处得很融洽,做人处世都是我学习的榜样。只觉得她嫁错了人,姑父是个自以为是的大男人,但姑姑还是能运用智慧和他好好相处。

"今年过年,姑姑发生了很大的变化,初二来我家突然对妈妈大呼小叫、嫌东嫌西,甚至陈年旧事也都搬出来批评一番,后来又数落我姐姐,说她念到研究生,还不知感恩图报……

"我在一旁听傻眼了,怎么好好的一个人,忽然间从菩萨变成了恶魔。后来,妈妈和姐姐只要想起那天的情况,就难过得落泪,虽然我没被批评,但间接也受到伤害。之后，我们就跟姑姑划清界限，不再往来。

"后来才知道，原来是因为爷爷将大部分财产给了我爸，姑姑心有不平，借题发挥。

"从这件事后，我发觉人心难测，不值得相信。这件事已过去四年了，但伤痛还在，仍然无法抹去。"

曾听过有位老婆婆已经一百多岁了，一生照料贫苦、患病、无依无靠的老人，从不间断，每天笑口常开，散发着年轻活力。有人赞扬她，她也只是笑笑，淡淡地说："我所做的只是很平凡的事，就好像如果有人渴了，我就自然地倒水给他喝。这是一种本能，我从不把它看成是一种成就。"

有人问她有没有遇到令自己难过的事，她回答说："如遇到不好、不平的事，就当做看到陌生人，不理它就没事了。"在她的眼里没有好坏之分，心中无所求，所以一生过得很快乐。

古人有云："君子之交淡如水，小人之交甜如蜜。"君子是以自然无求的心与人相处，互相尊重、互相关怀，感情才能长存，关系才会持久。而如果人与人之间的关系是建立在浓密的感情上，一旦发生变故时，就会像我那位朋友，心灵上受到严重的创伤，从此亲人变成了仇人。

所以，当你遇到墙头草、背信忘义、见钱眼开、负心的人……你所认为的背叛者，其实他们只是依照人性、天性，选择对自己好的方式过日子，没有所谓的对与错，事事难两全，只是你一时间难以接受这个转变，未想到其中的奥妙，只知心灵上受到伤害，忘了人最初的本性。

换个角度，遇到不顺眼、找麻烦、让你处于备战状态的敌人，反而是激发你潜能的恩人，因有他们的存在，逼着你去面对、去处理问题，让你动脑筋，想办法

◎ 在当下觉醒 ◎

对治他们,无形中,增长你处理事情的能力。

人与人之间的关系,和天气一样多变,是因人心是无常的,会随境而转。若能将广告名言"不在乎天长地久,只在乎曾经拥有"运用在这微妙的人际关系上,你就不会因关系的变化而痛苦,就能从容地活在与人相处的美好时光中。

你无法真正占有一个人

活在这个世上，其实你是无法真正占有一个人的，包括所有你爱的人：先生（太太）、小孩，甚至你自己。

很多人迷信多子多孙才是福，老来才有依靠。但太多新闻告诉我们，很多人老了，子孙为了分家产，反而让他生不如死，死后无法入土为安。

现实也告诉我们，养儿不能防老，而是在还债，譬如：儿子偷家中的铁门卖钱；与同学自导绑架案骗父母的钱还卡债；父亲不愿出钱买机车，愤而拿刀杀父；女儿生子弃之不养，行动不便的老母亲靠捡废品养孙

◎ 在当下觉醒 ◎

子……

有些人认为结婚就代表着找到了铁饭碗，老了可以互相照顾，可是往往结局并非如此，例如：丈夫在外赌博欠债，妻子必须上街卖花帮忙还债；夫妻间发生口角，老婆就引爆瓦斯自杀；为了诈领保险金，计谋杀害妻子……

打从一出生，我们的双手就握得紧紧的，好像深知自己会失去什么，所以一生当中，能抓的就抓住，尤其是对人，因我们孤独而生，害怕此生也孤单的活着，因此想尽办法抓住可以陪伴自己到老死的人。有些人结婚，为的只是要找个人陪伴自己，而生子只是为了传宗接代。

成了一家人之后，你就将每个人贴上标签，注明上"我的"。贴上了标签，你就如同吃了定心丸，你是我的丈夫（妻子）、小孩，就会和我在一起、照顾我、听我的话。往往这份你认为的安心，只是梦幻泡影，风一吹,因缘一到,标签就被吹掉了,人也散了,最终还是孤独一人。

连我们的身体,也只是假有的状态,如佛典故事中所说:

弥兰陀王非常尊敬有过禅悟的那先比丘。有一天,弥兰陀王向那先比丘问道:"眼睛是你吗?"

那先比丘笑笑,回答:"不是!"

弥兰陀王再问:"耳朵是你吗?"

那先比丘回答:"不是!"

"鼻子是你吗?"

"不是!"

"舌头是你吗?"

"不是!"

"那么,真正是你的就只有身体了?"

"不,色身只是假合的存在。"

"那么'意',是真正的你?"

◎ 在当下觉醒 ◎

"也不是!"

弥兰陀王最后问道:"既然眼、耳、鼻、舌、身、意都不是你,那么你在哪里?"

那先比丘微微一笑,反问道:"窗子是房子吗?"

弥兰陀王一愕,勉强回答:"不是!"

"门是房子吗?"

"不是!"

"砖、瓦是房子吗?"

"不是!"

"那么,床椅、梁柱才是房子吗?"

"也不是!"

那先比丘悠然一笑道:"既然窗、门、砖、瓦、梁柱、床椅都不是房子,也不能代表房子,那么,房子在哪里?"弥兰陀王恍然大悟!

弥兰陀王悟出了"缘起性空"的道理。山河大地,宇宙万物,甚至自己的身体,都只是因缘和合而存在,世间没有单独存在的东西，一切藉因缘而生，藉因缘而灭。

时间的限制是要我们学会珍惜因缘，不是让你来占有某个人。

有生之年是要让你还债、报恩，让你做好这一世的角色，最重要的是要让你有学习认清自己、改掉不好习气的机会。

因为，你不只是这世当人，你已经当人几百几千世了，只是你不知道而已，不然为何出生时，手握得紧紧的；看到某些人会感到讨厌或喜欢；遇到事情时会有起心动念，会发脾气；对于财富名利，还是挡不住其诱惑。

这都是因为我们对"人"的这个角色，还是看不开、放不下，对于和自己相处过的人，引发出的爱恨情仇，而产生的见解看法，深印在潜意识里清不掉，来到这世再玩一遭，玩来玩去，只让自己在人世间打转，而

◎ 在当下觉醒 ◎

忘了真正来当人的目的。

有个故事：有位秀才进京赶考，经过几个月的长途跋涉，即将抵达京城。这一天投宿在一家旅店，请店家帮他准备一碗黄粱充饥。店家赶去准备，洗好黄粱之后就起火下锅。

在等待的时间，秀才心里忧虑着："此去京城，过不多久就要面临考试，我是不是能考得理想？中状元还是探花？若是名落孙山，岂不是无颜回乡？"

想着想着，因身心疲倦至极而趴在桌上睡着了。他做了一个梦，梦见自己到达京城、进了考场，考完发榜后，中了状元很欢喜，于是去礼谢考官，考官认为他是一位好青年，于是将女儿许配给他。后来经历结婚、生子。渐渐地，儿子长大了，他也随着时间的消逝而老了。当他八十岁生日那天，儿子、媳妇、孙子都来拜寿，正在享受天伦之乐时，突然听到有人在叫他。

原来是店家端一碗黄粱站在他面前，唤道："客官，这碗黄粱刚煮熟,赶快趁热吃了吧!"这一声使他从美梦中惊醒,他看着这碗热腾腾的黄粱,才想到自己还没吃饭。

人生很短暂,就如煮一碗黄粱的时间,而人世间就像秀才做的一场梦,万事万物都是假的,没有一样是真的。

而未清醒的人,一直幻想着要占有某个人,会有占有的念头,就是造业的第一因素。真正觉悟的人,不会再造业,不会再做傻事,把这些放弃了,不再有控制、占有一切人事物的行为,能够把这些放下,才能真正地解脱,不再受因业果报之苦。

醒醒吧!不要把今生所遇到的情境,在脑中一再地重现,不管是苦、是乐,都要把它忘掉,放下了这些人事物,你才能如《心经》所说:无罣碍,没有恐怖,远离颠倒梦想,最终达到涅槃的境界。

◎ 在当下觉醒 ◎

世上没有安定这个东西

很多人有了钱，就想买个豪宅，突显自己的身份地位。事实上，豪宅也只是暂时栖身之所，别以为有它就等于安定，可让你一世无忧。

一位朋友曾说，有钱买豪宅有何用，买了却不敢住：有对医生夫妻，两人努力工作赚钱，存了十年的积蓄，终于如愿以偿，买到梦想中的豪宅，打算要好好享受人生，从此过舒适的生活。

某夜，台风忽起，风雨交加，屋顶的天花板开始滴水，窗户边也渗进水来，两人忙着找桶子接水，拿布堵水。看到窗外山上的泥石流，如瀑布直下，两人害怕得睡

◎ 在当下觉醒 ◎

不着觉。忙了一整夜，台风过后，两人趁天晴，急忙搬回旧家。从此，只在假日白天时，两人才会去那栋豪宅度个小假，不敢再过夜。而我那位帮他们打扫卫生的朋友，一星期去五天，待在豪宅的时间反而比他们还久。

俗话说："大厦万间，夜眠不过八尺。"拥有几千平米的房子，却连踏进门的勇气都没有，更谈不上睡一场无忧无虑的觉了。试问，拥有了它又有何用，只会让你荷包失血，心痛而已。

有些人对现有环境产生不安定感，想移民，以为到了别的国度，就可以找到安定的生活。曾听过有位朋友请算命师为小孩算命，算命师说小孩要去别的国度，才会有更好的作为、发展。夫妻俩就信以为真，开始到处搜集资料，评估哪个国家的治安、环境比较好。终于他们找到了理想的国家，遂办好一切手续，举家移民过去了。

两年后，突然接到朋友的电话，原来他们搬回了台湾，留孩子在那里念书，因住不习惯加上年纪一大把了还要学另一种语言，实在太吃力了，他们觉得还是台湾好，所以又搬了回来。最近又听朋友抱怨，他小孩还在国外念大学，而与他同年纪的孩子，早都在上班赚钱养家了。

这让我想起小时候的年幼无知，听长辈说"外国的月亮比较圆"，从那刻起，在心中就立下志愿，长大后一定要出国看月亮。大学时，和同学自助旅行去美国，夜间特意抬头认真地看天上的月亮，发现其实都一样，也只因纬度的关系，看起来比较大而已。

长辈的那句话只是说明人心中的不安定、不满足感，错误地认为环境变了，什么事都可改变。岂知内心的不安定感没去除，即使到了极乐世界也不会安住。

有一则网络笑话：一人死后，天使来要带走他的灵魂，问他，你是要去天堂还是地狱，那灵魂想，在生时都说死后要上天堂，天堂很快乐，便回答天使说："我要上天堂。"天使说:"不然这样好了,你先去地狱天堂各住一星期,之后再回答我。"

天使就先带灵魂去地狱,一开地狱门,灯红酒绿,唱歌、跳舞,大家开心得不得了,玩得很高兴,灵魂就这样在地狱中住了一个星期。一星期的期限已到,天使如期来带灵魂上天堂,灵魂依依不舍地和地狱的朋友们告别,跟天使离去。一开天堂门,里面很宁静,令人很舒服,灵魂就在天堂住了一个星期。期限又到了,天使依约来带灵魂,问灵魂到底要去哪里。灵魂心想,天堂虽好,但是过得很单调,还是地狱比较热闹、有趣。因此,灵魂毫不犹豫地告诉天使:"我要去地狱。"天使好心地问:"你确定吗?"灵魂很坚决地告诉天使:"我确定了。"

天使就带灵魂去地狱,一打开门,灵魂觉得奇怪,怎么一片漆黑,为什么每个人都愁眉苦脸,他疑惑地问天使:"前一个星期,大家不是都玩得很开心吗,现在怎么变成这样?"天使面带微笑地对灵魂说:"之前你还在适用期,现在你已是正职了。"

我们的一生都很忙碌:小时忙着读书、上补习班,为了要有好成绩,考个好学校,忙着死背硬记课本中的东西;进入社会后,忙着找"钱"途、置产,忙着跳槽到理想的公司;退休后也没闲着,有的是忙着带孙子,忙着到股票市场,盯着荧幕看数字变化,忙着到处看风水,死后埋在哪里最好,可让后代升官发财。

因为,我们的心都在忙外界的事物,才会一直处在不安定的状态,如烛火一般,只要被风一吹,就摇摆不定,杯弓蛇影,处于恐惧之中。也正因内心有不安定感,遂想找个安定的东西,希望自己能够安定下来,免于过担心害怕的日子。

古代有一个和尚,听到他居住的村庄遭强盗洗劫,因有感于平日村民们对他的照顾,遂决定要救度村民,便独自前往强盗的巢穴,结果被强盗扣押。

当强盗要砍他的头时,和尚说道:"你们要杀我可以,但总要让我吃顿饱饭啊!和尚死了没人祭拜,会变成孤魂野鬼的。"

强盗们心想:反正他活不成了,就拿了许多鸡鸭鱼肉给和尚吃,和尚也不在意,将所有食物统统吃光了。

强盗们看了很高兴,打从心底欢喜,心想:"我们这些强盗是坏人,没想到你这个和尚也是坏和尚!"

和尚吃完饭后又对强盗说:"虽然我现在不会变成饿死鬼,但死后还是没有人祭拜啊!你们拿纸、墨、砚台来,我自己写祭文自己念。"

那些强盗认为反正有好戏看,也就顺着他的意思照办了。

和尚念完祭文后,对强盗说:"你们可以杀我了!"

结果强盗说:"你很可爱,我们不想杀你了!"

于是和尚顺应时机说:"不杀我有个条件,你们要做我的徒弟。"

◎ 在当下觉醒 ◎

结果每个强盗都很愿意地拜他为师，也平息了村庄的灾难。

世上没有安定这种东西，只要人能肯定自己，不被五欲六尘的境界牵着鼻子走，就如和尚般，心能安住在不惧不畏中，强盗遇到你也没辙，世界末日来了，你也不怕。

因此，你会是天堂还是地狱的正职人员，就在于你的心能否安定下来，不受五欲声色的诱骗，保持平稳宁静的觉知。

很多东西，钞票买不到

信任、爱和感情，甚至小孩天真无邪的笑，都无法用钱去买。

用钞票买东西，其实只是个假象，我们以为用钱可以买到很多东西，其实我们什么东西也没买，也没有什么东西被卖，我们一直在玩扮家家酒游戏。

在古代，人与人之间是以物换物，我们家有米，就拿米换你们家的鸡，各取所需，生活过得很简单。

后来，人类制定了游戏规则，通过钱来进行交易，渐渐地，却变成了用"钱"来衡量一个东西的价值，原来以它来买取物品，现在演变成以拥有它的数量，作为衡量财富的指标。

由此人心开始变化，为了钱明争暗斗，变得面目可憎，为了钱可以六亲不认、作奸犯科，甚至杀人。

我想，当初会发明"钱"这个游戏规则的人，若知道因这项规则，人心会变得如此恐怖，我想他也会废除这项规则，就像诺贝尔发觉他发明的炸药，被变成战争的武器而深感后悔。

现今，钱和空气一样的重要，一睁眼，所看得到、用得到的东西，无非要用钱来换得，喝的水要钱、吃的东西要钱、躺在家里也有开销，似乎没了钱，就无法活在这世上。因为样样要钱，遂处处有商机，才会有三百六十五种行业，你可以凭自己的能力，换取应有的报酬。然而虽然赚到了钱，却也怕花钱。

钞票有四只脚，人只有两只脚，怎追得过、守得住它？反而是我们被它困住，怕它跑，只要钱一出我们的手，心就挂在那，心疼又少了一张，存款数字又变少了。

换个角度想，对方因拿到你的钱，可以养家活口，三餐有着落，妻子小孩不用流落街头，你是救了一家人的性命，能用这种心态去看待金钱的流转，你会花钱花得很快乐，不会被钱所困，变成守财奴。

有个故事：一个生性悭吝的大地主，家财万贯，将钱放在家里，怕人偷走；借给人家，又怕被倒账。所以，他决定去买黄金，将黄金埋在庭院的一棵树底下，以掩人耳目。可是，埋了黄金之后，他又生怕被人发现，进而被盗走，所以每天都到树下看三次。

这种不寻常的举动，很快就引起"有心人"的注意。

一日清早，他才睡醒，就到埋黄金的那棵树下去看，发现地面有被翻动的痕迹，担心之余，赶快找来铲子挖，黄金不见了，他忍不住坐在地上放声痛哭。

旁人听了，赶紧过去问他到底发生了什么事。问明原委之后，熟知富翁习性的邻人，就开玩笑似的对他说："我还以为发生什么天大的事情，那还不简单，将石头外表涂上金漆，再埋回原地不就得了！"

"什么？要我埋石头？我这黄金可是财富，可以买很多东西，石头算什么！"

邻人说："黄金本来是可以拿来造桥、铺路，救济穷人，让他们生活好过一点，可是你一直将它埋在那里，跟埋一堆石头有什么两样？更何况，埋黄金会被盗走，石头可就不会了。"

钱是要用才是自己的，有钱却不会用，是世间上最贫穷的人，你不会使用它，那它就像涂上金漆的石头，它只是存簿上的数字，没有任何价值。

钱不迷人人自迷，能够看清楚钱本身和我们的关系，好好运用它，你也可以享受拥有它、使用它的乐趣，而不被它迷惑。

最近看到一则报道：一位少女中学时，已赚进一百万，她却将钱投入公益活动。这位少女家境并不富裕，父母只是摊贩，小时因为贫困没有钱上幼儿园。她拥有的第一部计算机，是母亲卖掉唯一的金饰，并借贷一些钱买的。她钻研计算机的动力，是为了帮助人。当时只有小学文化水平的她，已自行学会架设网站，之后，她利用计算机帮人架设网络，赚取费用，初中一年级她就将赚取的钱投入公益活动，并帮忙架设免费教学网络、帮助失学的孩子就学或者课后辅导等等。目前念高中的她，下个愿望还是赚进一百万，继续做公益活动。

一般人把钱当成幸福的来源，可是在这位少女身上我们看到，钱只是个让她实现帮助他人梦想的工具而已。一般人是拥有了钱却还是不快乐，但她却是花钱比赚钱还要快乐，因为她懂得一个道理，钱只是个工具，不是快乐的源泉，唯有运用它，让它发挥功能，帮助因缺钱而受苦的人，才会感到幸福。

所以，钞票不是万能的，很多东西是钞票买不到

◎ 在当下觉醒 ◎

的，例如：钱能买到营养品，但买不到健康；钱能买到山珍海味，但买不到食欲；钱能买到化妆品，但买不到青春；钱能买到豪宅，却买不到家；钱能买到钻石，但买不到爱情……

有形有相称为钱、钞票，无形无相叫做财富，而财富不是钱的堆积。例如：你到公司上班，对上级交代的事，你有责任心，能够有条有理地处理好，责任心就是你的财富；当你坐公交车时，发现老人家没位子坐，你能让位给他，这份爱心就是你的财富；你能爱惜资源，随手关灯，节约用水，节俭就是你的财富；当别人指正你的过失时，你能够坦然接受，并反省改正，反省就是你的财富；你把自己的小孩教育好，有礼貌、品性良好，不会到处惹是生非，安分守己做人，你的教育就是给孩子最大的财富。

钱是有相的，死后带不走，但财富是无相的，是你能拥有的无价之宝，生生世世跟随着你。

◎ 在当下觉醒 ◎

所以，我们应趁拥有人身时，好好赚取我们的财富，而不是去追逐钞票，钞票再多也会有用完的一天，而财富才是我们最大的资产，能让我们取之不尽，用之不竭。

◎ 在当下觉醒 ◎

名气是水，
能载舟也能淹死你

无知的人太过于渴求名气，只会为自己带来枷锁。一个人出了名，做好事大家肯定，但有小错，人家也会用放大镜来审视你，甚至没事也给你贴标签，嫁祸于你，这是不自然的。

同样的，一个人渴望出名，也是不自然的。因为如果表里不一，或外在形象被夸大扭曲，迟早会玩火自焚。

名只是个标签，人可以出名，但必须以他最真实的一面让大家认识，否则就是自讨苦吃。

◎ 在当下觉醒 ◎

……

有一次，魏文王问名医扁鹊："你们家兄弟三人，都精于医术，到底哪一位最好呢？"

扁鹊答说："大哥最好，二哥次之，我最差。"

文王再问："那么为什么你最出名呢？"

扁鹊答说："我大哥治病，是治于病情发作之前，由于一般人不知道他能铲除未发作的病痛，所以他的名气无法传出去，只有我们家的人才知道。

"我二哥治病，是治病于病情初起之时。一般人以为他只能治轻微的小病，所以他的名气只及于本乡里。

"而我治病，是治病于病情严重之时。人们会看到我在经脉上穿针管来放血、在皮肤上敷药等大手术，遂以为我的医术高明，名气因此响遍全国。"

另外，曾经看过一则寓言：

在深山中，住着两位仙人，老仙人非常精进用功，经过多年的苦心修炼后，具足五种神通。另一位年轻仙人，虽然也想成道，但平时只知游玩享乐，所以在修行上毫无进展。

当时，老仙人会以神通力飞到各处参学，所以其他仙人们遇到他，都会送他各种仙果佳肴。老仙人不管获得什么好处，都会与年轻仙人一起分享。

年轻仙人见到老仙人总是来去自如、心想事成、人缘广阔，好生羡慕，遂请求老仙人传授他神通的方法。

老仙人说："若你心存正念，精进用功，自然就能获得五种神通。若是心怀恶念，有所企求，不但会危害他人，更会自尝恶果。"

后来，老仙人禁不住年轻仙人三番两次的恳求，就答应传授他获得神通的方法。

经过一段时间的苦修，年轻仙人也获得五种神通。

好不容易获得神通的年轻仙人，总想到处炫耀，于是频频找机会前往城里，在众人面前展现种种神通力。众人见到年轻仙人能拔地而起、腾云驾雾，不禁心生敬仰，纷纷前来供养。因此，他所获得的名利总是比老仙人还多。

年轻仙人并不满足于此，甚至对老仙人心生嫉妒，他到处挑拨离间，诽谤老仙人的声誉。

但是老仙人总是淡淡一笑，不以为意，他相信终究会有水落石出的一天。

后来，年轻仙人因为常起瞋心，心怀恶念，逐渐退失了神通力。

年轻仙人失去神通力的消息很快就传开了，人们终于看清事情的真相，都称赞老仙人的品格高尚，谴责年轻仙人的心胸狭隘、品德卑劣，全城百姓一致决定将年轻仙人驱逐出境，永远不许再踏进境内一步。

因此，白居易说，名利像鲍一样，实在好吃，叫人绝对不要吃是做不到的，但是吃了以后，很有可能会拉肚子。孔老夫子也说："唯器与名，不可以假人。"

前阵子有一则新闻：韩国"首席科学家"的干细胞

◎ 在当下觉醒 ◎

研究，被视为生物医学领域的重大突破，为医界治疗癌症、糖尿病与阿兹海默症带来希望，在国际上享有赞誉。因此，韩国政府不仅为其提供三百万美元的研究经费，还永久配置警力随扈，保护其安全。两年后却被专家调查小组发现，其研究是假造的，这位科学家除了被起诉外，其"首席"的荣衔也被剥夺。

相反的，当齐宣王召颜斶，想让颜斶当他的政务官员、给他特殊待遇时，颜斶却回齐宣王："肚子饿了，吃什么都美味，这就是山珍海味；出门虽没有车坐，但悠闲散步也很舒服，这种舒服就像有车可坐；没有官位，没有名利，也就不会得罪人，这才是真富贵。"说完，颜斶就转身回家去了。

还有另一个故事，在一座寺院住着师徒两人，老和尚不管走到哪里，都带着一件袈裟，却不曾把它穿在身上。诵经时就把它放在佛桌上，晚上就寝时就放置在自己的枕头旁。小和尚心中充满疑惑：师父常告诉他说，不要偏好任何事物，可是他却把那件袈裟当成宝。但小和尚不好开口询问。

某天下午，老和尚又带着那件袈裟出门，小和尚好奇地跟在他身后。

走了一段路后，老和尚坐在一块大石头上休息，也把袈裟放在石头上，小和尚发现袈裟上有只虫子，正举手要将虫子赶走时，老和尚大声说："不可无礼！"

小和尚急忙缩手，委屈地说："我只是想把它赶走，没要杀它呀！"

老和尚心平气和地说："其实它是你师伯，你师伯在世时，是位有名的法师，因此信徒纷纷请他到处说法。他特别钟爱这件袈裟，每到哪里都一定要穿上它，觉得它能突显他的身份。直到往生时，还对它念念不忘，因而投身成这只衣虫。所以，师父才会告诫你，不要太偏爱任何事物，否则就会落入你师伯的下场。"

……

◎ 在当下觉醒 ◎

名利欲望，就是这样让人爱极恨极的东西，许多人明知它到最后终究是一场空，却依然汲汲营营于其上，说到底，名利只是一个符号，目的不就是图三餐温饱？

同样的道理，名字只是父母给予我们的符号，主要用途是让你知道别人在叫唤你，就像"佛"也只是个代号，假借这个字来代表一种境界，但凡夫都把"佛"字当成是一个人，而执著于它所产生的相。

所以，佛陀在世时，一再告诫弟子，他未曾说过任何的法，也未曾教过什么，他只是用言语来引导出众生与生俱来的佛性。

佛陀不认为自己伟大，也不需要别人对他有特别的礼遇，虽然佛陀当时的名气很大，但佛陀只借着名声，随机教化。受到批评、侮辱时，也当无事看待。佛陀只有一个念头，做好自己想做的事，其他的都不管。

因此，佛陀不为名所羁绊，才能称作如来。我们也应把自己做好，其他的交给老天去管吧！

◎ 在当下觉醒 ◎

后 记

人，为什么要觉醒？

很多人问我，为什么要觉醒？当你看清一切实相，当你看清这个红尘，都只是我们心中妄觉幻想的投射，还需要活在这个有情的世界吗？这个有情世界里，每个人的一生都是在寻求爱人及被爱，在有情众生中，我们可以感受到真情、关怀和许多感人的互动，所有感人伟大的艺术，不论是文学、戏剧或音乐，都是以人的情为出发点，当我们看清一切，把情看透，把人看得一清二楚，再也没有模糊朦胧的美，人生没有任何幻想和期待，那么，为何还要活在这个有情世界？否则，为何我们要觉醒？

◎ 在当下觉醒 ◎

是啊！为何我们要觉醒？

如果觉醒的过程是痛苦的，觉醒之后是无趣、枯槁的，为何我们要觉醒？

我说，如同一颗种子被埋在土里后，生根、发芽、茁壮成长，接着开枝、散叶、结果，这个过程，就是这颗种子的生命历程。

人也一样，从出生到童年，到青年、壮年，以至老死，要经历很多阶段的，如同种子长成大树。当一个人的灵魂在这世间走到了某一个阶段，就应该觉醒，这个自觉意识，在小孩子及年轻人身上不会出现，因为他们的生命历程还没走到自觉的阶段，就像一个小学三年级的孩子，你硬要教他经济学和心理学，他是不可能理解的。但同样是这个小孩，等他长大进入大学，这些经济学、心理学知识，他自然可以理解，不是知识系统变了，而是他内在的东西在变化、成长，是他内在有个东西，让他开始有更高的理解力，这个理解力，随着年龄的增长，慢慢就会形成觉醒状态的自我或人格，这就是人为何要觉醒？

自我觉醒是一个生命中自然会出现的历程，当我们在这有情世界的游乐场，玩了三四十年的游戏，难道你不想知道是谁设计建造的这些游戏？难道你不想搞清楚，并超越这个游乐场带给你的种种苦痛吗？

觉醒，并不代表无情或无人性，过去沉睡时，看山是山，觉醒后看山不是山，这是很自然的事，一个人自然地走到了觉醒的历程，却故意逃避不想醒，才是违反自然规律的。

当我们觉醒，我们还是可以继续在这个有情游乐场过日子，但我们将具有更强的洞悉力和察觉功夫。我们知道游乐场的种种设施都是人造的，都是假的，我们就能以一种觉醒的状态来玩这些游戏，不一样的是，我们再也不会沉迷在里面，也不会执著或强求一定要再玩几次。慢慢地，我们的角色好像就会变成游乐场的工作人

◎ 在当下觉醒 ◎

员,没错,我们还是可以和很多小孩子一起玩游戏,甚至我们只是在旁边照顾他们,这就是觉醒者的角色,如果你肯上进再深造,总有一天,你会成为这个游乐场的董事长或设计者。

老实说,游乐场的管理者就等于佛家里的菩萨,菩萨的梵文翻译成中文,就是有情的觉悟者。他自己已经彻底觉醒了,但仍对这有情世界的众生有关怀之情,有一份想留在这世间等待时机叫醒一些应该觉醒的众生的慈悲心。他留在人世间,还是可以感受到有情世界的种种感人现象,人世间的情爱、互信、眷恋、亲情,他都能感受到,但他不会受这些现象牵绊和干扰,他的有情,是为了告诉众生,这些东西都是假的,这些游戏都是假的,不要再迷恋强求,不要再为此折磨自己、伤害别人,时间到了,该觉醒就赶快醒来,这场游戏玩够久了,该开始做功课了,用心地去学习这些功课,才是我们来这个游乐场的目的啊!我们不是来玩的,而是来做

◎ 在当下觉醒 ◎

功课的。

这就是我的答案。

这也是我写本书想告诉大家的。只有觉醒，我们才能以觉醒的状态及慈悲的心，悠游在这个有情世界，离苦自在，同时尽力帮助那些该醒来、却还一直在睡梦中受尽折磨的有情众生。

觉醒的人，并非是槁木死灰的无情之徒，反而是心中满溢慈悲的多情之人，虽然，他同样可以感受到人世间的情爱和各种情绪，但他不会假戏真做，他不会再活在各种苦痛中，他还是要吃饭、睡觉，洗碗、上班，也会生老病死，也要缴水电费和税，只是他看透了这一切只是游戏，他能保持觉知自在地活着，或许他无法成为菩萨，但至少他不会再活在受尽折磨的噩梦中。

佛说，每个人都有佛性，我也是，你也是，差别只在于有没有勇气去醒过来。

如果可以，希望你可以和我一样，在四十岁之前醒

◎ 在当下觉醒 ◎

来，然后以一种豁达的姿态，悠游在这个世间，如同苏菲教义里的一句话，是这么说的："活在这世间，但不属于它（To be in the world but not of it）。"这就是观自在的境界，也是《金刚经》想告诉我们的最核心的讯息，如果你是有缘人，不妨一起来睁开眼睛，进入生命的另一个全新历程吧！

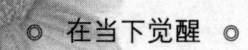